深呼吸，慢慢来

SHEN HUXI MANMAN LAI

让孩子释放压力，放松身心的疗愈之书

【德】乌尔里克·彼得曼／著　朱玲洁／译

中央编译出版社

图书在版编目（CIP）数据

深呼吸，慢慢来 /（德）乌尔里克·彼得曼著；朱玲洁译 . —北京：中央编译出版社，2023.9
ISBN 978-7-5117-4342-8

Ⅰ. ①深… Ⅱ. ①乌… ②朱… Ⅲ. ①青少年心理学—压抑（心理学）—指南②儿童心理学—压抑（心理学）—指南
Ⅳ. ① B844.2-62 ② B844.1-62

中国国家版本馆 CIP 数据核字（2023）第 004048 号

Entspannungstechniken für Kinder und Jugendliche
Copyright © 1996, 2014, 2021 Beltz Verlag in the publishing group Beltz·Weinheim Basel
著作权合同登记号：01-2023-2737

深呼吸，慢慢来

选题策划	张远航
责任编辑	张　科　孙百迎
责任印制	李　颖
出版发行	中央编译出版社
地　　址	北京市海淀区北四环西路 69 号（100080）
电　　话	（010）55627391（总编室）　（010）55627362（编辑室）（010）55627320（发行部）　（010）55627377（新技术部）
经　　销	全国新华书店
印　　刷	北京文昌阁彩色印刷有限责任公司
开　　本	889 毫米 ×1194 毫米 1/32
字　　数	95 千字
印　　张	6.25
版　　次	2023 年 9 月第 1 版
印　　次	2023 年 9 月第 1 次印刷
定　　价	68.00 元

新浪微博：@中央编译出版社　　微　信：中央编译出版社（ID：cctphome）
淘宝店铺：中央编译出版社直销店（http://shop108367160.taobao.com）（010）55627331

本社常年法律顾问：北京市吴栾赵阎律师事务所律师　闫军　梁勤
凡有印装质量问题，本社负责调换，电话：（010）55626985

献给

弗朗茨·彼得曼

与

迪特·瓦特尔

他们长期在科学研究、应用和实践等方面,热切地投身于放松这一主题。

前言

近几十年来,放松方法这一主题变得流行起来,出现了专为儿童青少年开发的放松方法。一方面,放松通常与健康有关;而另一方面,放松则与如何应对压力有关。市面上有些书通过书名做出了听起来神秘的承诺,例如将意识的变化或日常问题的简单解决方案与压力缓解和放松联系起来。撇开这些不可靠的潮流不谈,放松方法和休息仪式在应用中显示出许多非常积极的结果。本书的目的是以实用的方式介绍目前有关放松方法的科学知识,并举例说明适用于儿童青少年的放松方法。

放松方法的相关研究之所以蓬勃发展,是因为孩子能够接受和使用放松方法,放松方法在孩子的日常生活中能够得到运用,并且放松方法能够给孩子的父母和其他重要的照顾者提供很大的帮助。出于这个原因，介绍这一主题并提供日常指导的"家长用书"大有裨益。以此为启发，我通过尼摩船长的系列故事（参见 Petermann，2021）为家长提供缓解焦虑和压力的建议，该系列故事配有光盘朗诵版本（参见 Petermann，2007）。这些以实践为导向的指导材料有助于儿童青少年顺利完成放松练习。

得益于众多儿童、家长和儿童教育与治疗领域中放松方法的实践者，他们为本书成书提供了许多贴近日常生活的实用建议，对此我深表感谢。特别感谢安吉拉·弗里德伯格（Angela Friedeberg）女士，她以久经考验的冷静态度，可靠、快速、干练地完成了本书新版的所有校阅和补充工作。

我还要感谢贝尔茨出版社及其工作人员，特别是卡门·柯尔茨（Carmen Kölz）女士，在本书新版修订的过程中，受现实情况限制工作一再推迟，她给予了支持、理解和极大的耐心。我还要感谢卡特琳·梅塞尔（Katrin Meisel）女士为本书成书做出的贡献。

最后，我要感谢我亲爱的亡夫弗朗茨·彼得曼（Franz Petermann），他离开得太早了。在出版本书前几版期间，他不得不度过许多没有我陪伴的夜晚和周末,并充满耐心地鼓励、帮助和支持我的工作。

乌尔里克·彼得曼(Ulrike Petermann)

2021年7月于不来梅

目录

导言 001

| 放松对有行为问题的儿童青少年的重要性 001
行为问题的形成和发展 004
典型的行为问题 011
放松和休息仪式对儿童青少年的重要性 028

| 放松的基础 031
标准方法概述 035
不同层面上的放松效果 045
放松过程的解释方法 065
放松的类型 068

| 放松在机构中的应用及实施条件 072

　　放松的适应证和禁忌证　076

　　实施要求　083

　　必要条件和可能遇到的困难　091

　　合理的预期和不切实际的幻想　100

| 适合儿童青少年的放松方法　104

　　感官性放松方法　108

　　想象性放松方法　125

　　参考文献　152

　　参考资料　165

　　术语表　167

导言

一 当今儿童青少年的日常生活 一

当今儿童青少年的生活状况往往以烦躁不安、节奏紧张和各种刺激影响过多为特点。我们必须牢记这一事实,而且必须认识到,儿童青少年已经不再理所当然地习惯安静。世界的机械化带来了巨大的时间压力、精神压力和噪声污染。计算机、手机和电视通常呈现极快的图像剪辑,其带来的影像影响也对人类信息处理提出了更高的要求。儿童青少年很难处理这类听觉和视觉上的大量输入。许多孩子的日常生活表现出两个特点:其一是父母缺乏时间陪伴,其二是孩子的空闲时间被精确规划至分钟。我们经常在这里观察到两个极端:一方面,有的孩子的时间完全由他们自己支配，因此，他们寻求外部刺激，如电脑、电视；另一方面，我们的社会中有不少孩子，他们一周七天的每一分钟都已被安排好。父母希望他们的这一安排能够得到最理想的支持，并为日常生活和未来生活中的高要求做好准备。这类孩子的时间被每天和每周的例行活动填满，几乎没有闲暇时间来玩耍。无论是什么原因导致的过度刺激，都会造成紧张、不安、被驱使感和表现压力的增加，并会导致注意力不集中、表现焦虑、焦虑感的普遍增加，以及难以入睡和保持睡眠状态的问题。

新型冠状病毒大流行及其导致的规定限制带来了很多的压力。对许多儿童青少年而言，其影响包括社会孤立，孩子们也因此错过了实践合格的社会情感行为的机会，即使没有完全错过，机会也很有限。其结果是，孩子们再次被迫回到"二手"生活（电脑、互联网、流媒体网站、电视）中。以上对儿童日常生活片段的描述，旨在让人们对儿童经常面临的不安和躁动的程度形成印象。人们更要意识到，无论儿童有没有行为问题，将休息仪式定期纳入他们的每日和每周安排都十分重要。

放松方法对有行为问题的儿童青少年的重要性特别表现在从

他们身上可以观察到的两种现象上。一方面，他们烦躁不安，注意力不集中，易冲动或焦虑；另一方面，他们看起来紧张、兴奋或亢奋。为了能够在日托中心、学校、兴趣小组或家庭中支持这样的儿童青少年，他们往往需要借助放松仪式这一"预处理"。只有在平静且安静的情况下，孩子们才能有效学习、沉浸玩耍、与他人相处而不发生争吵，或是在晚上安然入睡。因此，本书将重点着笔于放松与压力缓解对这些儿童青少年的重要性。此外，其实对于所有孩子来说，每天安排有规律的休息时间都很重要。孩子们需要这些时间来消化经历过的事，并为接下来的新挑战积攒能量。

— 对本书的阅读预期 —

本书概述了针对儿童青少年的各种放松方法。通过阅读本书，读者能获得有关放松过程中身体变化的知识，自信地、批判性地选择并应用放松方法。最终，读者应当进行自我练习并对放松方法进行反思，来了解和体验放松练习唤起的身体感觉。出于这个原因，本书的"放松的基础"和"适合儿童青少年的放松方法"两章会提供练习说明,读者可以通过实践体验本书介绍的一些内容。通过练习,人们可以提高感知能力和对放松现象的认识。对放松方法产生的效果的自我体验能帮助儿童成功地进行放松练习。

以上对当今儿童日常所处的环境和可能出现的行为问题(包括行为障碍)进行了陈述,本书将关注最重要的行为问题,即注意缺陷与多动障碍、攻击性行为和焦虑症。本书也将介绍确诊此类问题的标准。本书还将介绍最常见的放松方法的标准程序,包括自体训练法和渐进式肌肉放松法等。通过本书读者将了解到放松的五种生理效应,读者还可以通过自我练习来感受放松体验。

本书也将解释放松方法的适应证和禁忌证,禁忌证与副作用的区别,以及副作用与放松产生的正常身体感觉的区别。

本书内容还将涉及进行放松的条件(例如外部环境)、信任的重要性,以及教学理念、日常理解和放松仪式之间的联系。不少内容也适用于家庭日常生活,以及亲子接触,本书对这些内容进行了标注。

在本书中读者还将了解到儿童青少年在进行放松时可能出现

的问题，以及处理方法。

本书的结尾部分将详细描述适合儿童青少年的放松方法的实例。适用于儿童的乌龟幻想法和适用于青少年的渐进式肌肉放松法代表了与身体相关的（感官性）放松方法。尼摩船长的故事和其他例子说明了想象性放松方法的运用。尼摩船长的故事中的三个例子为家长和老师提供尝试实践的可能。

放松对有行为问题的儿童青少年的重要性

本章将深入探讨行为问题的形成和发展,儿童青少年存在的典型行为问题,以及放松和休息仪式对儿童青少年的重要性。

无论你是想和有行为问题的孩子一起玩耍、为他们上课，还是帮助他们发展社交行为，这些孩子内心的不安和紧张，以及身体上的不适和多动都会很快将你逼到极限。处于极限状态不仅会阻碍教育者给儿童提供支持或妨碍儿童治疗师开展工作，还会抑制儿童自身的发展。因此，让孩子们在日常生活中找到静下来的时间，并为他们提供持续的帮助使他们获得平静变得尤为重要。至少要进行少量的休息和放松，才能让教育者成功地与有行为问题的孩子打交道。

本章将深入探讨行为问题的形成和发展，放松和休息仪式对儿童青少年的重要性，以及成功使用放松方法必须遵守的框架条件。

行为问题的形成和发展

儿童青少年的行为问题分为内化型和外化型两种（参见 Petermann, F., 2013a）。外化型行为问题包括注意缺陷与多动障碍（ADHD）、注意缺陷障碍（ADD）、对立挑衅性行为和攻击性违抗行为，以及攻击性反社会行为（参见 Petermann & Petermann, 2015）。攻击性违抗行为和攻击性反社会行为属于社会行为障碍（参见 Dilling et al., 2015；Petermann & Petermann, 2015）。正如词本身所表达的那样，外化型行为问题，是指向外部和他人的行为。内化型行为问题包括各种焦虑，例如对社交的焦虑和回避，社会不安全感和孤立感，甚至抑郁。这些内化型行为问题初看不如外化型行为问题明显，因为内化型行为问题与孩子自身的关系更密切，只有在出现如拒绝上学等极端回避行为的情况下，这类问题才会变得明显。根据具体情况，有一个或多个行为问题的孩子会损害自身的发展、伤害他人或两者兼而有之。对于有大量行为问题的儿童，人们通常会发现行为问题不是他们唯一的问题，他们在学习的过程中也会出现学习障碍。行为问题和学习问题是紧密联系的。与二十多年前的看法相反，最近的研究表明，出现学习障碍的儿童中有很大一部分并非起初仅表现出这种障碍；相反，学习障碍往往是行为障碍的结果。

乐博通过纵向研究分析发现，由于长期的行为问题，在学校学习和表现上的困难也会同时出现（参见 Loeber，1990）。该分析涉及儿童青少年攻击性行为的形成、走向和预测。它还表明，不良的发展往往导致大量的心理异常和障碍，这些心理异常和障碍同时存在，并且通常相互产生不利影响。这一点可以用攻击性行为的例子来说明。

乐博在其对攻击性行为的分析中发现，早在**围产期前和围产期**，已有风险因素可能导致儿童的攻击性行为（参见 Loeber，1990）。如果母亲在怀孕期间摄入尼古丁、酒精、毒品或药物等有害物质，儿童出现攻击性行为的风险尤其高。这些有害物质会导致胎儿大脑在发育过程中产生神经生物学变化，进而影响婴幼儿的行为。由于这些有害物质的影响，婴幼儿会变成"不容易照顾"的**棘手儿童**。棘手儿童是指那些不想吃饭或睡觉、没有形成睡眠规律并且表现出难以制止的过度哭喊行为的儿童。这些棘手儿童从一开始便深刻地影响了亲子互动模式。父母在压力之下反应急躁，对孩子的感情是消极的；在某些情况下，孩子可能会因为不停哭喊而无法被安抚好以至于初次遭受暴力（例如被剧烈摇晃）。乐博的研究发现，下一个发展阶段的特点是有可能发展成注意缺陷与多动障碍，这在一岁半、两岁和三岁的幼儿身上就能够被明显观察到。接下来，这些儿童会发展出超出寻常水平的**对立性违抗行为**，在许多日常情况中表现出强烈的违抗。他们往往从小学开始，就会发展出带有违法倾向和反社会性质的**攻击性行为**，从而导致异常的互动形式。这会出现在家庭中，也会出现在家庭之外，如学校中。异常的互动形式不仅会引发有行为问题的儿童与同学之间的冲突，也会引发这些儿童与教师之间的冲突。

由于在发展过程中较早出现的问题不会随着新问题的出现而消失，而是会持续存在，因此行为障碍会愈加分化。这意味着，注意缺陷与多动障碍在幼儿园时期会因对立性违抗行为而不断加剧，在小学阶段则通常会产生学习障碍。学习障碍源于注意力问题和课堂上的对立性违抗行为（也可能是攻击性行为）。学习障碍会进一步限制儿童在校园内的积极发展。有学习障碍的儿童难以在学校中获得成就感，因为这些孩子被视为麻烦制造者并受到区别对待。由于在学校或与同龄人打交道时没有积极的经历，孩子会反复陷入攻击性行为，变得与他人更加不同，并将攻击性行为延伸到更多日常情境和人际交往中。持续的攻击性行为让儿童得到越来越多来自同学和老师的关注，不当的行为因此得到加强和稳定，并向不同的情境中转移。

长期的攻击性行为会导致缺乏社交能力的行为模式，儿童的信息处理缺陷也会越来越严重。信息处理缺陷是指攻击性儿童很容易感受到威胁，因此认为他们周围的环境是充满敌意的。尤其是在模棱两可的社交场合中，他们很快就会感受到威胁，并认为他们必须保护自己（参见 Petermann & Petermann，2013，第 305 页）。这会造成一种"感受到威胁——采取攻击性防御"的恶性循环，随着时间的推移，这种恶性循环会导致这些儿童与同龄人间产生重大问题。其结果是，有攻击性的儿童往往在同龄人群体中被孤立，因此他们会寻找同类群体，在这些群体中，他们的不当行为不仅能被接受，而且是受到期待的，因为这些行为代表了群体规范。这意味着，在过渡到青春期的过程中，儿童存在出现**攻击性反社会行为**的风险。图1概述了不良行为的发展过程。

由图1中的发展阶梯可见，异常的社会行为并不是在短时间内产生的，在大多数情况下，此类行为有着长年的发展历史。有这些情况的孩子被乐博称为**早发者**（参见 Loeber，1990）。原本没有显著异常的孩子，由于环境中压力的变化（关键的生活事件）而出现行为障碍反应的，被称为发展阶梯中的**横向进入者（晚发者）**。很容易理解的是，晚发者很有可能重新摆脱这种不良行为的发展过程，因为这种行为障碍在这些儿童身上并不那么根深蒂固，而且最重要的是，他们并不像发展阶段较长的儿童那样，对许多人、在许多情境中出现同样程度的行为障碍。此外，晚发者具备可成为重要保护因素的社交能力，使得这些儿童或青少年有可能避免向攻击性发展。

就内化型行为问题而言，包括童年时期的各种焦虑症和抑

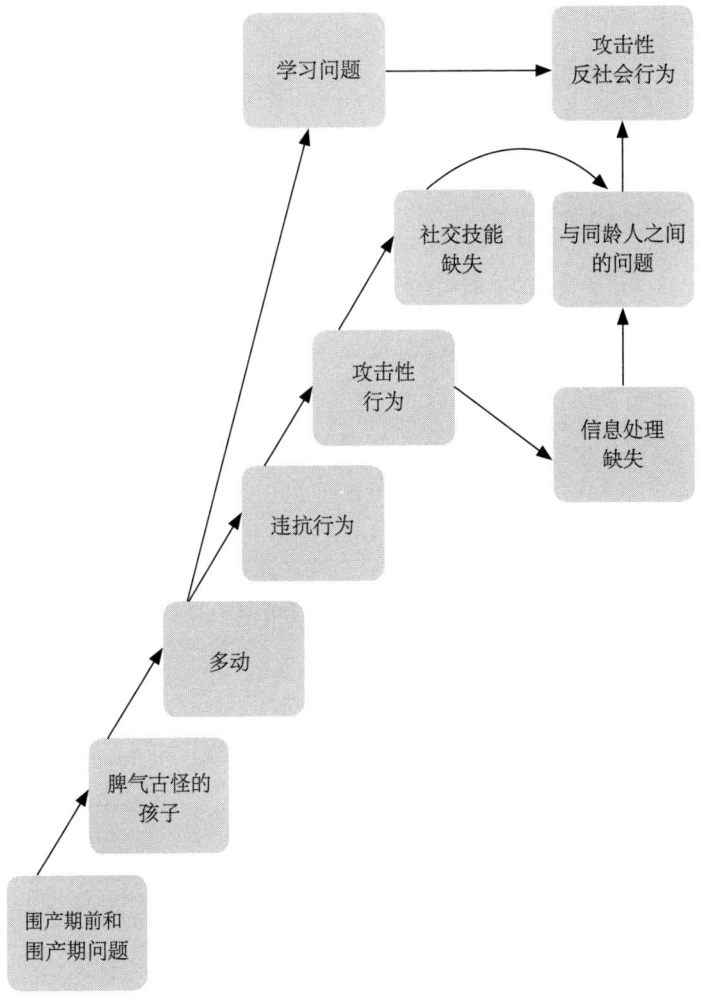

图 1 乐博分析发现的外化型行为问题的发展过程
（参见 Loeber, 1990）

郁症，现有的纵向分析也说明了焦虑症的发生和发展中的不利过程（参见 Vasey & Dadds，2001）。这清楚地表明，儿童的焦虑和不安全行为始于幼年，包括各种形式的焦虑，例如从分离焦虑到社交恐惧和学校焦虑等；如果不进行治疗，随着童年发展，最晚在向青春期过渡时，焦虑有可能发展成抑郁症（参见 Petermann & Suhr-Dachs，2013；Suhr-Dachs & Petermann，2013）。

典型的行为问题

这一节将会详细介绍最常见的和最重要的行为问题,包括注意缺陷与多动障碍、攻击性行为和焦虑症。

— 注意缺陷与多动障碍—

多普夫纳和巴纳舒维斯基在报告中指出,在儿童青少年精神病科就诊的大部分儿童青少年都患有注意缺陷与多动障碍(参见 Döpfner & Banaschewski,2013)。有趣的是,这些儿童青少年中有一半也表现出攻击性行为。乐博的发展阶梯也证实了,对立性违抗行为和攻击性行为是由注意缺陷与多动障碍引发的。早在幼儿园,许多孩子就已经表现出注意力不集中且尤为烦躁不安。对于幼儿园阶段的孩子,老师报告说这些孩子在集中注意力方面有问题。注意缺陷与多动障碍可以用三个核心症状来描述,即**注意缺陷**、**冲动**及**多动**。有注意缺陷的儿童表现为在游戏或任务结束前中断。有注意力问题的孩子经常从一项活动突然转移到另一项活动。他们似乎不大感兴趣。特别是当任务或游戏对儿童来说是由他人决定的且与认知努力有关时，这种注意力问题就会发生。家庭作业尤其符合这些条件。在观察注意力问题时，必须考虑孩子是有选择性注意困难还是持续性注意困难（参见 Jacobs & Petermann，2013）。如果选择性注意受到干扰，说明孩子不能集中注意力于对玩某个游戏或完成某个任务很重要的刺激源。在这种情况下，孩子无法忽略不相关的刺激源，因此很容易分心。如果孩子缺乏持续性注意，就说明他们无法长时间专注于一项任务。

多动的核心症状在结构化的情况下最容易被清楚地观察到，这些情况需要孩子控制行为或保持安静。这些孩子不能保持坐定。他们经常来回奔跑、跳跃、说话、制造噪音、坐立不安。这些孩子无法根据情况适当调节他们的不安和过度的肢体活动。

ICD-10（参见 Dilling et al.，2015）和 DSM-5（参见 APA，2020）两种精神障碍分类系统中明确指出了属于每种障碍的症状。其中，症状通常是指显而易见的行为。这两种分类系统精确地规定了在哪个核心症状范围内（注意力、多动性、冲动性），必须在什么时间段（ADHD 为过去的 6 个月），以什么频率或什么严重程度出现多少个别症状，才能对注意缺陷与多动障碍进行诊断。

儿童的冲动表现为突然不经思考就采取行动或做出反应。这些孩子也很难观望或延迟愿望和需求。根据这一事实，冲动分为认知冲动和动机冲动。认知冲动是指一个人根据他的第一反应冲动行事。也就是说，在采取行动之前，他不能倾听、观察或思考。动机冲动是指孩子不能等待，如不能等到轮到他们玩游戏时再玩；他们也不能将当前的需求推迟到以后的某个时间点，或暂时放弃这些需求。

根据生活领域和情境的不同，注意力问题、冲动和多动出现程度不同的情况并不罕见。问题行为在受到约束时表现得最明显，例如在上课、做作业、吃饭或睡觉时。在行为异常的儿童只需要与一个人打交道或可以从事自己喜欢的活动的情况下，核心症状中的个别症状通常不会出现。

一系列研究清楚地表明，三个核心症状还伴随着许多其他异常和问题。这些儿童还表现出越来越多的对立性违抗行为和攻击性行为，尤其是在与同龄人或兄弟姐妹打交道时。还有明显迹象表明，这些儿童在学校的表现也存在问题，他们经常留级且学习成绩较差（参见 Döpfner & Banaschewski，2013）。

— 攻击性行为 —

攻击性行为被认为是一种非常顽固的行为问题，具有特别不良的预后。攻击性行为的负面形式包括以自我中心为动机的攻击性和以焦虑为动机的攻击性（参见 Petermann & Petermann，2012；2015）。以自我中心为动机的攻击性总是涉及有针对性的伤害，无论是对人还是对事与物。这种攻击性行为的目的是为自己取得最大的好处，坚持自己的需求和利益，对他人行使权力，甚至在他人身上制造焦虑和无助感。这种行为也被称为工具性攻击。有这种行为的孩子具有一定的社交能力，可以很好地评估他人。他们的行为通常是成功的，从而能体验到自我效能。他们的攻击性行为是有计划性和前瞻性的，这也是为什么他们被称为主动攻击性儿童（参见 Petermann & Petermann，2015）。

以焦虑为动机的攻击性呈现出不同的形式，即作为一种情绪驱动的攻击性行为形式（参见 Petermann & Petermann，2012）。之所以会出现这种攻击性行为，是因为儿童主观上认为社会环境具有威胁性，从而引起焦虑。这尤其适用于模棱两可的情境。攻击性行为可以减少焦虑感。这种行为最初是偶发性的。然而，随着时间的推移，具有以焦虑为动机的攻击性行为的儿童会逐渐了解到，不安全感和焦虑感可以通过攻击性行为消除，因为与攻击性相关的情绪比焦虑感更占主导地位（见图 2）。这类儿童的问题行为不是有计划的，也不是主动发起的，而是由于对他人意图的曲解而产生的反应。在这些孩子的自我认知中，他们只是在保护自己免受他人的敌意和他们认为可能的攻击。因此，这种以焦虑为动机的攻击形式也被称为反应性攻击（参见 Petermann & Petermann，2015）。

从发展过程来看，必须考虑的是，一段时间后，周围环境会对具有攻击性行为的人做出带有攻击性行为的反应，或者发起攻击性行为的儿童会被孤立。因此，从具有以焦虑为动机的攻击

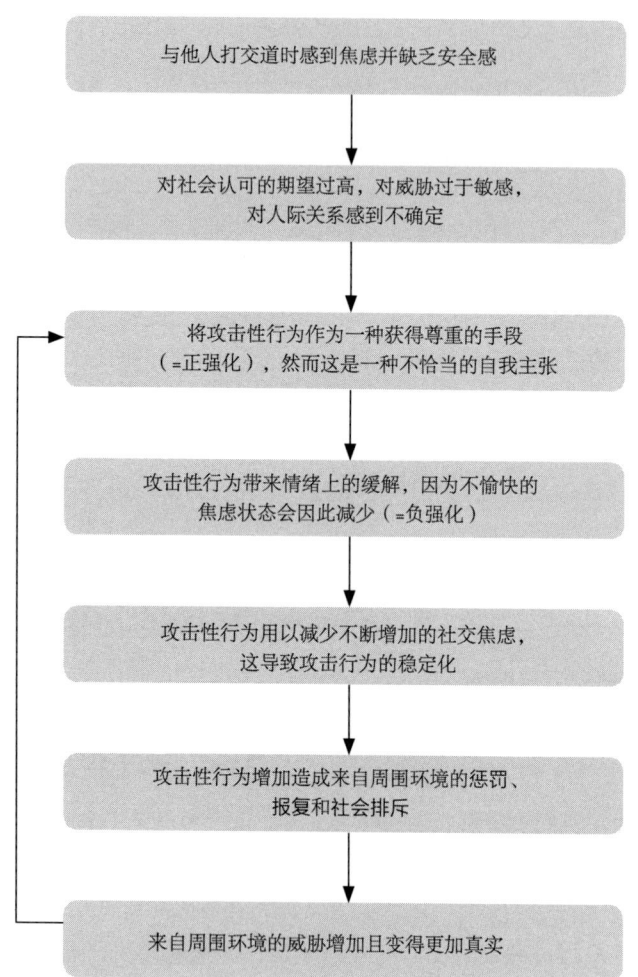

图 2　以焦虑为动机的攻击性循环
（参见 Petermann & Petermann, 2012, 第 23 页）

性行为的儿童的角度来看，确实有越来越多的具有实际威胁性质的日常情况出现，其自身的行为是在这些情况下进行的自我防御（参见 Petermann & Petermann, 2012; 2015）。

除了这两种不恰当的攻击性行为，当然还有一种至关重要的、积极的攻击性行为，我们倾向于称之为适当的自我主张。这是一种主张自我但不损害他人的行为。

在判断儿童是否有攻击性行为时，须考虑一些标准。攻击性行为必须：

1. 发生至少半年；
2. 每周或每天都会发生；
3. 表现程度激烈（参见 Petermann & Petermann, 2015）。

以儿童的发育年龄和同龄儿童的行为为基准，可观察到的攻击性行为的频率和强度必须有显著区别。就其影响和后果而言，可以被判断为严重的攻击性行为，其表现在五个层面（参见 Petermann & Petermann, 2012）：

1. 公开的 vs. 隐蔽的；

2. 身体上的 vs. 言语上的；

3. 主动施加的 vs. 被动接受的；

4. 直接的 vs. 间接的；

5. 外向型的 vs. 内向型的。

攻击性行为的五个层面可具体分解为表 1 中所示内容。这是一张观察表，借助十个类别来记录攻击性行为。表 1 中将攻击性行为的五个层面与具体的行为实例联系起来。此外，通过四个类别总结了具有社会能力的行为，如帮助、合作、设身处地地为他人着想（参见 Petermann & Petermann，2012）。

为了确定疾病意义上的攻击性行为，可以采用分类系统 ICD-10 或 DSM-5（参见 Dilling et al.，2015；APA，2020）。其中提到两种攻击性行为的障碍：一种是对立性违抗行为障碍，另一种是社会行为障碍。正如在上一节中乐博的发展阶梯所展示的，鉴别诊断中定义的对立性违抗行为可以看作攻击性反

表1 攻击性行为观察表（BAV）

（参见 Petermann & Petermann，2012）

儿童姓名：	日期：
评估者：	表单号：
行为评估的等级划分： 　　　　　　　　　　　　　　1 = 从不发生　4 = 经常发生 　　　　　　　　　　　　　　2 = 很少发生　5 = 总是发生 　　　　　　　　　　　　　　3 = 有时发生	

行为	判断
1. 儿童受到侮辱，并被大声呵斥。	
2. 恶意地嘲笑，对成年人和儿童冷嘲热讽，嘲弄他人。	
3. 对成年人和儿童大喊大叫和咒骂。	
4. 儿童遭受拳打脚踢、推搡、抓挠、扯头发或吐口水。	
5. 偷偷摸摸地试图绊倒他人、拉开他人椅子、看似不小心地推搡他人、幸灾乐祸地拒绝帮助他人、偷偷拿走或破坏东西。	
6. 对他人进行拳打脚踢，或有打人、推人、咬人、抓人、向人吐口水、扯他人头发或弄脏他人的情况。	
7. 自我侮辱、自嘲、咒骂自己的行为（比如犯错时）。	
8. 咬指甲、扯头发、撞头、以自我伤害为目的的头部和身体动作，用刀片或其他锋利物品抓挠、切割或刺伤手臂、手或身体的其他部位。	
9. 侮辱和咒骂物件。	
10. 用油漆或污垢损坏、涂抹楼房或类似的建筑物，踢、撕碎、弄脏家具或日用物品，摔门、砸窗、砸物、纵火。	
11. 适当的自我主张：以正常音量表达意见或批评，不使用伤人的言辞。没有身体攻击。	
12. 合作与帮助行为：提出建议、让步、愿意妥协、遵守规则、支持他人。	
13. 自我控制：在生气时，用其他活动分散自己的注意力，避免加剧冲突，遵守要求，自觉履行义务。	
14. 共情：倾听他人、接受他人的意见、询问冲突的原因并询问对方的感受。	

社会行为（社会行为障碍）的前兆问题（参见Loeber，1990）。与社会行为障碍相比，对立性违抗行为障碍的程度相对没有那么激烈。

ICD-10 中区分了具有实际相关性的不同亚型，特别是"仅限于家庭环境的社会行为障碍""缺乏社会关系的社会行为障碍"和"存在社会关系的社会行为障碍"这几种亚型。第一种亚型意味着攻击性行为只发生在家里，即发生在兄弟姐妹间或亲子互动中；其他两种亚型是指，有些具有攻击性行为的儿童在同龄人群体中被孤立（缺乏社会关系），或者尽管他们有攻击性行为但仍有能力建立友谊（存在社会关系），但在这种情况下建立起来的友谊更有可能存在于"志同道合的群体"中，而这些群体中的儿童通常也表现出攻击性反社会行为（参见 Petermann & Petermann，2013）。

重要的是要区分攻击性行为是在儿童时期已经出现还是在青少年时期首次出现（参见 APA，2020；Loeber，1990，第 18 页和第 21 页）。DSM-5 进一步提供了一种评估攻击性行为的方法，即根据儿童是否缺乏悔恨或内疚，是否缺乏同情心或表现出冷酷无情，无论是在学校里还是在工作中是否对自己的表现结果漠不关心，以及有感情流露还是完全没有感情表达等标准进行评估（参见 APA，2020）。

最后，必须考虑攻击性行为发生的环境。就儿童青少年而言，这些环境通常是家庭、学校和家庭以外的休闲场所。如果攻击性行为在不同的领域和不同的情况下发生在不同的人身上，那么儿童青少年将很难实践具有社会能力的得体行为，因此，其发展将受到严重损害。

一 焦虑症 一

焦虑症属于内化型行为问题。首先，焦虑感对人类而言是正常且重要的。在日益复杂的世界中，一定程度的焦虑心理可以保护我们免受危险。然而，当焦虑超过一定程度时，其保护功用就会消失，这会导致在日常生活中出现回避性退缩行为。尤其是对儿童而言，这会产生非常不利的后果，因为可能会发生继发性损害，例如发展迟缓。例如一个孩子如果因为害怕而回避甚至拒绝与同龄人社交，就无法在重要的发展阶段学会与其他孩子玩耍、分享、互相帮助或合作。因此，孩子从社会性发展到肢体运动发育都会产生重大缺陷，而这可能会严重损害儿童的进一步发展。

当谈到儿童期的焦虑症时，要对两种主要类型的焦虑症加以区分，即**分离焦虑症**和**社交恐惧症或社交焦虑症**。在ICD-10中，这两者被归类为儿童期的情绪障碍（参见Dilling et al., 2015）。

焦虑症在儿童中相对普遍，尽管其发生频率的具体数字因采用的标准不同而有很大差异。焦虑症常常使孩子的看护人处于不得不采取行动的压力之下，这和攻击性儿童的情况类似（参见Petermann & Petermann, 2015）。

分离焦虑症是一种只能在特定年龄段才能被识别的紊乱，因为三四岁的儿童表现出分离焦虑是暂时出现的正常现象，而此现象将随着年龄的增长而消失。如果儿童超过这个年龄，仍持续存在对与其主要照顾者分离的极端反应，即可被判定为分离焦虑症（参见Suhr-Dachs & Petermann, 2013）。儿童最重要的照顾者通常是父母。儿童表现出的分离焦虑具体涉及以下几点：

儿童毫无根据地持续担心他们的父母会出事，或担心会有不幸之事发生使他们被迫与父母分离。

儿童长时间表现出拒绝上学，拒绝在没有信任的人在场的情况下入睡，或是拒绝在一段时间内独自待在家中。即使有信任的人在场，他们也不能在外面过夜。

儿童反复报告自己做了关于分离的噩梦。如果与父母分离迫在眉睫，例如去幼儿园或学校之前，儿童就会抱怨身体不适，例如头痛或胃痛等。他们会尖叫、发牢骚或发脾气。

上述特征必须连续不断地出现且持续至少四周才可判定为分离焦虑症（参见 APA，2020；Dilling et al.，2015）。

社交恐惧症的诊断前提是症状必须至少存在六个月，并且儿童的年龄至少在三岁左右。因为幼儿出现社交焦虑是一种正常现象，在三岁左右会消失。此外，诊断社交恐惧症还有一个标准是社交焦虑行为必须在儿童六岁之前开始（参见 Dilling et al.，2015）。这个标准很重要，因为当今普遍认为，除了父母的教养行为之外，所谓"行为抑制"的气质特征是造成社交焦虑的决定性因素。行为抑制与生物过程密切相关，所以，逃避特定场景的社交焦虑行为在幼儿时期就已稳定出现且能被清楚地识别。

出现这种障碍的核心原因是害怕被他人评判或评价。这种恐惧心理可能发生在某一特定社交情境中，也可能发生在多种社交情境中。被评估的焦虑可能与不太熟悉或完全不认识的人有关。患有社交焦虑症的人害怕自己会做出尴尬或羞耻的行为，或者害怕他人会发现自己的恐惧，而这些都可能导致自己被拒绝（参见 APA，2020；Büch et al.，2015a；2015b）。此外，ICD-10 标准还指出，患有社交焦虑症的儿童对不熟悉的人和陌生人表现出的焦虑是持续且反复的（参见 Dilling et al.，2015）。

这些儿童在不熟悉的人面前表现极为害羞且害怕被评判，因此，他们避免甚至主动拒绝与不熟悉的同龄人和成年人接触。儿童的焦虑既可以表现为哭闹、僵硬的面部表情和手势及对熟悉的照顾者的依恋，也可以表现为发脾气甚至个体攻击性行为（如骂人、踢人和咬人）。由于对社交场合的回避，这些儿童的一般社会性发展和社交接触所需特定技能的发展受到严重损害。在熟悉的直接照顾者面前，儿童会表现出良好的接触能力，同时，儿童也能感受到与最亲密的家庭成员的关系是令人满意和充分的（参见Petermann & Suhr-Dachs，2013）。在区分社交恐惧症和分离焦虑症时，应该注意有分离焦虑的儿童并不害怕陌生人和不熟悉的人，他们的焦虑完全出于与熟悉的人分离。这样的鉴别诊断很重要，因为在儿童青少年的发育过程中，这两种焦虑症往往会同时发生，即并发症。

表 2 为焦虑和社交不安全行为观察表（简称 BSU），其中包括分离焦虑症和社交恐惧症/焦虑症的关键行为特征。这份焦虑和社交不安全行为观察表还列出了包含说话方式、手势与表情的行为类别（参见 Petermann & Petermann，2015）。在 BSU 的最后，可在第 11 类"自我主张"和第 12 类"独立活动"中找到用于帮助焦虑症儿童的相关行为目标。

表2 焦虑和社交不安全行为观察表（BSU）

（参见 Petermann & Petermann，2015，第 44 页和第 245 页）

姓名：	日期：
评估者：	表单号：
行为评估的等级划分： 　　　　　　　　　　　　1 = 从不发生　4 = 经常发生 　　　　　　　　　　　　2 = 很少发生　5 = 总是发生 　　　　　　　　　　　　3 = 有时发生	
类别	判断
1. 沉默 什么都不说，什么都不问，什么都不要求，不表现出任何喜悦的情绪。	
2. 说话 说话语速过快、口齿不清、断断续续，经常使用同一个词，说话声音太小或太大，回答太短（只回答是或否），孩子在回答问题或讲述某事之前要等待很长时间。	
3. 口吃 不能连贯地说出一个单词或句子，说话时上气不接下气。	
4. 感受 大声哭泣或默默流泪；眼中含泪；声音颤抖。	
5. 面部表情 不确定地环顾四周，尴尬地微笑，眼神交流时间短，面部抽搐。	
6. 身体表达 双手颤抖，坐立不安，咬铅笔和/或咬指甲，紧张地玩双手。	
7. 动作 不离开自己的位置，做单调、重复的身体动作。	

续表

类别	判断
8. 活动 a) 不单独参与任何游戏或活动，拒绝承担社会、学校和家庭责任（例如在社区中提供帮助），孩子在开始一项活动之前要等待很长时间。 b) 当游戏或社交任务失败时，以愤怒结束活动。 c) 当游戏失败或无法掌握社交任务时，宣布放弃。	
9. 社交 a) 不与其他孩子一起玩耍，拒绝遵守社交要求。 b) 在陌生的环境中或家里有访客时，躲在房间的角落里、桌子底下、自己的房间里或自己的衣服里（不想脱外套/夹克衫）。 c) 不想与一个或多个特定的成年人（例如父母）分开，只想和特定的人玩耍、交谈。不想离开家，不想和朋友见面。	
10. 社交焦虑和不安全感的其他特征 呕吐（例如早上上学前或上学时），口干（口渴），脸红、脸色苍白，小便失禁（晚上/白天），大便失禁（晚上/白天），语言缺陷（例如口齿不清、无法发出某些字母的读音、口吃）。	
11. 行为目标：自我主张 a) 能够提出合理的要求，能够拒绝（说不），能够表达意见和批评。 b) 适当地回应社会义务并愿意妥协（表达同意）。	
12. 独立活动 能够与他人建立联系，能够和孩子们一起玩耍，不放弃困难的社交任务。	

放松和休息仪式对儿童青少年的重要性

正如上一节所述,有行为问题的儿童由于各种原因表现出运动性不安、烦躁、注意力和冲动控制困难、社交问题及高度兴奋。无论是在教学、治疗还是学校课程中,都要对有行为问题的儿童进行放松和休息仪式,以便他们能够在放松的积极影响下以适当的方式参与活动(参见 Petermann, 2020; Petermann & Petermann, 2020; Saile, 2020)。运动性不安、紧张和高度兴奋的儿童既无法正常上课和完成学习过程(参见 Petermann & Petermann, 2018),也无法接受促进其社会行为的帮助(参见 Petermann et al., 2016a; 2016b; 2019),即使遇到他们喜欢的游戏,也常常无法平静地专注其中。内化的行为问题和外化的行为问题一样,会对儿童青少年造成情绪、认知和行为方面的不利影响。例如一个注意力不集中、易冲动且有攻击性的孩子在社交和情感上都严重受损,以至于他几乎无法延迟自己的需求。有这些问题的孩子往往行事轻率,被同龄人排斥。有焦虑症的孩子会发现自己在学校无法进行任何形式的学习,因为随之产生的焦虑阻碍了对课堂内容的学习。

放松的基础

本章将介绍自体训练法、渐进式肌肉放松法等几种放松方法的概况，放松效果在神经肌肉、心血管、呼吸、皮肤电和中枢神经五个生理层面的体现，以及放松的多种类型。

放松方法多种多样、各有不同，其中有些方法追求的目标有所不同。这些方法虽然不同，但它们都有一个共同的目标，即以不同的方式带来放松反应。放松反应可以描述为一种心理生理的过程，在这个过程中，心理生理的兴奋水平得以降低。

如今已经证明，放松方法可以在生理和心理层面带来积极影响。放松带来的身体反应会产生令人愉悦的身体沉重感、温暖感、平静的呼吸和全身上下的舒适感（参见"不同层面上的放松效果"一节）。此外，放松方法在不同的心理层面上也会产生积极的影响。身体的放松反应会激发积极的感觉，这样一来，焦虑、愤怒等感觉会消失，取而代之的是平衡感。放松意味着减少兴奋，从而缩短认知抑制过程。众所周知，认知抑制过程会阻碍学习和记忆。在顺利完成放松阶段后，儿童得以休整且感到精神抖擞，从而创造出更有利的学习条件。

　　放松方法绝不应被误解为能够直接减少甚至消除儿童青少年的行为问题。放松方法是非特定效用的程序，不能消除任何一种行为或心理问题。放松方法的价值在于，能够帮助缓解由恐惧、攻击性或运动性不安引起的身体刺激和紧张情绪。如果通过适合儿童青少年的方式来进行放松程序，那么就能为有针对性地支持儿童青少年创造重要的前提条件。因此，成功执行的放松程序能够为和儿童一起学习、玩耍或工作创造先决条件。

　　本章将概述放松程序的标准方法，用于评估成功实施的放松程序的综合效果。本章还将阐释放松的影响程度及其心理生理联系，并对个别放松方法进行举例说明。本章还将讨论放松的反应性、可能的放松类型、放松的适应证和禁忌证。

标准方法概述

在西方文化中,放松程序的第一次重大发展可以回溯至1926年。受催眠术启发,舒尔茨(J. H. Schultz)曾尝试开发一种使患者能够在脱离医生指导的情况下,独立自主地使用催眠术产生积极效果的方法。由此,他开发了一种**自体训练法**。此后多年,出现了许多放松程序,它们的有效性如今已在实践经验中得到证实[参见《放松方法的历史》(*zur Geschichte der Entspannungsverfahren*),Schott & Wolf-Braun,2000]。

放松反应不是由"神奇"或"神秘"的过程产生的结果,而是一种基于生物学的自然过程。取决于不同的对象和外部条件,其发生的难易程度和强度各不相同。这意味着有些人能凭直觉放松,而有些人则需要学习在放松方法的帮助下,有针对性地、自主地进行放松。相当多的人无法通过常见的放松方法来放松。这并不是一种罕见的现象。在这个群体中，有一部分人则为自己制定了一套方法，让自己养成在日常生活中暂时忘记烦恼、得到平静和放松的习惯。例如让自己沉浸在每日的报纸阅读中，在浴缸中享受完整的沐浴过程，或是在森林里、湖边或海滩上散步。

紧张和放松各自代表一套行为模式，两者在不同方面分别以下列特点为表征：

> ➡ 亢奋——平静
> ➡ 紧张——松弛
> ➡ 躁动——安静
> ➡ 不适——舒适

放松公式的引导并不会让人奇迹般地出现放松反应。相反，放松状态只能通过较长时间的持续练习才能产生并得以稳定。这意味着个人需要通过坚持不懈地练习，才能在自我发出的信号的帮助下迅速达到放松状态，并在几分钟或几小时内保持这种状态。只有通过训练，才能在各种日常情况下基于自我施加的刺激触发放松反应。面对日常生活中的压力状况，更是如此。

—自体训练法—

自体训练法及其分阶段练习可能是最著名的放松方法。自体训练法的公式逐级而分，引导练习者进行自我练习（参见 Vaitl，2020b）。分阶段练习包括六个级别。表 3 中给出了各个练习级别的标准公式和说明。

练习者轻声复述几次自体训练法的标准公式。这一过程的重要性在于它会产生**被动注意力**。练习者要去想象公式，而不是主动地为自己悄悄制定公式。在重复公式时，一方面，指令之间的时间间隔不应过短，否则练习就会呈现出表演的特征，被动注意力就会受到干扰。另一方面，指令之间的时间间隔过长会让人昏昏欲睡或产生思维干扰，这也是不可取的。公式重复的频率和时间间隔必须根据个人情况进行协调。刚开始各个指令以几秒的间隔（15—30 秒）重复。随着练习的深入，间隔可以增加到几分钟。

表3　自体训练法六个级别分阶段练习的目标和标准公式
（参见 Vaitl，2020b）

---

1. 手臂和腿的沉重感练习
目标：自主运动系统的神经肌肉放松，伴有沉重感。
公式：我的一只手臂很重！　　　我的另一只手臂很重！
　　　两只手臂都很重！　　　　我的一条腿很重！
　　　我的另一条腿很重！　　　两条腿都很重！

---

2. 手臂和腿的温暖感练习
目标：通过血管扩张使四肢产生温暖的感觉。
公式：我的一只手臂是温暖的！　　我的另一只手臂是温暖的！
　　　两只手臂都是温暖的！　　　我的一条腿是温暖的！
　　　我的另一条腿是温暖的！　　两条腿都是温暖的！

---

3. 心脏练习
目标：强化沉重感练习和温暖感练习的心理生理影响，并有意识地感知心跳。
公式：我的心跳平静且有规律！

---

4. 呼吸练习
目标：遵照自然的吸气和呼气节奏，放大沉重和温暖的感觉。
公式：自然呼吸！
　　　或者说：
　　　我的呼吸均匀而平静！

---

5. 太阳神经丛练习
目标：在腹部产生温暖的感觉。
公式：太阳神经丛温暖涌动！
　　　或者说：
　　　我的肚子很温暖！

---

6. 额头清凉练习
目标：让前额和面部区域感觉凉爽，以抵消血管扩张的过度反应。
公式：额头很凉爽！
　　　或者说：
　　　我的头部轻松而清晰！

练习的成功体现在练习间隔的延长，即指令之间的时间增加。如此一来，被动注意力就能维持得越来越久。

在学习自体训练法时，并非要一次进行六个级别的所有练习。应该**逐步地**展开这一程序，也就是要一步一步来。只有当一个阶段的练习得以成功应用时，才能进入下一个阶段。根据练习的频率，需要几天或几周的时间才能完成所有阶段的练习。每个放松阶段可持续 10—30 分钟。练习时长不取决于进行几个级别的分阶段练习，可用的时间和保持被动注意力的能力才是更重要的影响因素。随着练习成功率的提高，身体反应会变得更加清晰、可靠和迅速。

标准公式提到从身体一侧的练习开始，再到另一侧。练习者凭直觉从他们身体主导的一侧开始练习。对于沉重感和温暖感的练习尤其如此。此外，还有支持公式可供使用，例如"我很冷静！"支持公式可用于放松练习开始和两个练习阶段之间的过渡（参见 Vaitl，2020b）。

心脏和呼吸练习代表的是**节奏练习**。与沉重感和温暖感练习不同，节奏练习的目标不是引起生理反应的变化；相反，这种练习追求的是冷静观察身体功能的过程。心脏练习可能会导致相反的效果,所以并非完全没有问题。许多练习者(近一半)都有过不愉快的经历(参见 Vaitl,2020b),这些症状可能包括心率加速、左胸疼痛感或压迫感。这种不愉快的经历会与沉重感和温暖感练习的积极效果抵消。如果没有明确的心脏练习的必要,则应避免。

每次放松练习后,都要进行一次正确的回归。这意味着身体必须恢复正常的活动水平,否则可能出现自主神经(即植物性神经)失调,如嗜睡、恶心、头部压力、疲惫和低血压等。回归应在每次练习后以相同的方式和顺序进行,即:

1. 通过拉伸来绷紧手臂和腿部肌肉;
2. 深呼吸 2—3 次;
3. 重新睁开眼睛。

练习一：沉重感练习和温暖感练习

1. 每天进行10分钟的沉重感练习和温暖感练习，持续八天。首先从手臂和腿部的沉重感练习开始。第四天或第五天起，增加手臂和腿部的温暖感练习。

2. 每次练习后，简短地写下放松后的身体感觉、想法和感受。

3. 八天的练习结束之后，通过日志来比较前后的体验，找出成功练习和遇到困难的原因。

— 渐进式肌肉放松法 —

渐进式肌肉放松法是一种与自体训练法同样知名的放松方法。渐进式肌肉放松是借助外部指导进行练习的过程。这意味着，在渐进式肌肉放松的过程中，会有专业人员指导练习者，并带领练习者逐步进行练习。这个方法的目标仍然是让练习者在渐进式肌肉放松的帮助下，通过自我指导学习进入放松状态。渐进式肌肉放松法是一种主动发出的放松方法，根据**雅各布森**

（Jacobson）的经典版本，它不是一个暗示性程序。该方法的基础是系统性地绷紧然后释放从额头到手臂、躯干和腿部的各个肌肉群。通过这一过程，练习者能清楚地感知肌肉在紧张时和放松时的区别。在练习的高级阶段，要使练习者能够敏锐地识别身体中的哪些肌肉群正不必要地紧绷着，然后针对性地放松这些肌肉群。

练习者在实施渐进式肌肉放松法的过程中会进行一系列的身体练习，以便对比紧张和放松（＝对比效果）时的感觉。例如两手臂先后向前弯曲，双手握拳，用力攥紧，以绷紧前臂和上臂的肌肉。紧绷几秒钟后，拳头再次松开，手臂再次伸直，如果练习者是坐着的，则将手臂放在大腿上休息。手臂回落到大腿上的过程不应该是缓慢的，而应该是快速的。由于从紧张到放松的突然变化，练习者能够明显感觉到肌肉群的对比效果。

渐进式肌肉放松法是一种由雅各布森在 1929 年提出的放松方法。他发明的渐进式肌肉放松法形式非常复杂。随后，有许多人将其改良为更简易的方法，例如沃尔普（Wolpe）、奥斯特（Öst）、伯恩斯坦（Bernstein）和博科维奇（Borkovec）等（参见 Hamm，2020）。这导致了这一放松方法的多样性，即不同版本的渐进式肌肉放松法在诱导技术方面具有或多或少的不同，有时似乎只有"渐进式肌肉放松法"这一名称是这些版本之间的共同点（参见 Hamm，2020）。这对研究证明渐进式肌肉放松法的有效性会产生很大的影响。因此，研究结果相互矛盾也就不足为奇了。哈姆要求对关键实施变量进行标准化（参见 Hamm，2020），即：

➡ 暗示性放松指令

➡ 肌肉张力强度

➡ 紧张和放松周期的持续时间

➡ 进行练习的肌肉群的类型、数量和顺序

➡ 进行练习的必要努力

"感官性放松方法"一节中详细介绍了渐进式肌肉放松法的青少年版本，该版本部分基于雅各布森提出的方法（参见 Jacobson，1990），部分基于伯恩斯坦和博科维奇的版本（参见 Bernstein & Borkovec，2018）。

— 其他放松方法 —

其他适合成年人的放松方法有催眠、冥想和生物反馈。儿童需要特殊的放松方法，如尼摩船长的故事或乌龟幻想法。后面这两种方法会在"感官性放松方法"一节中做详细介绍。

表4中概述了可能的放松指令和放松反应。放松指令可以是自己发出的（自我指令），也可以是由另一个人发出的（外部指令）。此外，放松指令还可以分为主动和被动两种。放松反应分为生理反应和心理反应。表4中总结了各种放松方法满足上述哪些指标。

表 4　放松方法的分类
（+ 有一定表现，++ 表现明显，— 缺失或表现不太明显；
根据 Vaitl，2000，第 30 页修改）

放松方法	放松指令				放松反应	
	自我指令	外部指令	主动	被动	生理层面	心理层面
催眠	—	++	—	+	+	+
自体训练法	++	+	—	+	++	—
冥想	++	—	—	+	+	+
渐进式肌肉放松法	+	+	+	—	++	—
生物反馈	—	—	+	—	++	—
针对儿童的尼摩船长的故事	—	++	+	+	++	+
针对儿童的乌龟幻想法	+	+	+	—	+	—

不同层面上的放松效果

放松反应能够在两个层面上被观察到：生理层面和心理层面。无论使用哪种放松方法，放松反应都会发生在生理层面上，有时也会发生在心理层面。

放松反应在生理层面的表现有五个特征。在描述这些特征的现象和生理联系时，尽可能地补充支持条件，并联系具体的放松方法，通常而言指的是自体训练法和渐进式肌肉放松法。放松反应在生理层面的表现如下（参见 Vaitl，2020）：

➡ 神经肌肉的变化

➡ 心血管的变化

➡ 呼吸的变化

⇒ 皮肤电的变化

⇒ 中枢神经的变化

下面根据瓦特尔的著作对放松反应的生理特征进行解释（参见 Vaitl，2020a）。

— 生理层面：神经肌肉的变化 —

神经肌肉的变化会影响骨骼肌的紧张状态。使用放松方法时，这种紧张状态会缓解。这意味着支持运动系统，即手臂、腿部和躯干的肌肉，会变得松弛。在放松过程中，对运动系统的刺激会尽可能地减少甚至消除，这会大大减少支持运动系统的传入信号——神经肌肉的变化就是这样引起的。传入信号是指来自个别器官或身体部位（即骨骼肌）的刺激，这种刺激上升到中枢神经系统进行处理。由于缺乏上升信号，只有少数脉冲能到达大脑。反过来，这又会导致传出信号的减少，即从大脑发送到各个器官和骨骼肌的刺激减少。减少的（下行）传出刺激会使腿部、手臂和躯干肌肉的紧张程度进一步降低。这样一来，便形成了一个循环，减少对运动系统的外部刺激，从而使身体内部的影响进一步受到抑制，由此，从整体上减少神经肌肉活动。在肌电图（EMG）中可以看到，肌电图信号的振幅变小、频率下降，代表活跃的运动单元数量减少，以及运动神经元的放电频率下降。下文将简要解释"运动单元"这一概念。

运动单元

由一个运动神经元、一个轴突和一个突触组成。

一个运动神经元即一个脊髓周围运动神经细胞。

轴突位于神经纤维中，将运动神经元（即神经细胞）与其他细胞（如肌细胞）连接起来。连接本身是通过**突触**建立的，突触使生物化学刺激在轴突和肌细胞之间传输。

通过以下几个方面，运动系统的外源性影响可以降至最低：

放松练习的**最佳姿势**是平躺。这个姿势能使整个支持运动系统得到休息，并减少传入信号（上升到大脑的信号）。如前所述，这反过来又能减少对器官的（下行）传出冲动，并进一步缓解腿部、手臂和躯干肌肉的紧张。坐姿正确时，也可以缓解肌肉紧张。不过，"残余神经活动"可能仍在继续进行。

如果进行放松练习的房间里光线过于刺眼，或是有噪音（例如隔壁房间的音乐声、严重的交通噪音或附近孩子的欢笑声和吵闹声），这些外部刺激会引起类似于受到惊吓时的身体反应。如果在放松的过程中发生意想不到的身体接触，这种外部刺激也会引起与放松反应相矛盾的身体反应。这些外部刺激会影响网状结构，它代表大脑中的控制中心，正是在这里，（上行）传入冲动转换为（下行）传出冲动。受刺激的网状结构会引起生理和心理反应，包括提高警觉性和显著增加肌肉张力，尤其是在运动外周（手臂和腿）。

可以做一个简单的实验练习来亲自体验这种刺激的效果。请见下面的"练习二"。

练习二：触觉、视觉和听觉刺激的影响

1. 站起来，以适中的速度在房间内走大约 1 分钟。在这一过程中坐下再站起来，大约进行两次。

2. 仰卧在垫子上；双臂放在身旁，双腿并拢，双脚分开；头部由枕头或类似的东西支撑。闭上眼睛，保持这个姿势 5 分钟，不要说话，不要关注其他任何事情，把注意力轻轻地放在你的身体上。在练习开始时消除所有触觉、视觉和听觉刺激。

3. 保持这个姿势 5 分钟后，伸展手臂和腿，做三次深呼吸，然后睁开眼睛，慢慢坐起来。

— 生理层面：心血管的变化 —

心血管变化包括三种，即外周血管舒张、心率下降和血压下降。

外周血管舒张会使练习者产生像刺痛和发痒一样的感觉，尤其是手、手臂及腿、脚。这种温暖感受可以由特定指令触发，例如自体训练法中的热指令，也可以自发地发生，例如在进行渐进式肌肉放松法练习的过程中。放松练习开始时产生的温暖感受并不是恒定的；这意味着，一方面温暖感受的强度会有波动，另一方面，手臂和腿部感知温暖的区域也会有改变。手指和脚趾的温暖感受也存在差异。在练习开始后 4—5 分钟，手指会产生最强烈的温暖感受；而脚趾最强烈的温暖感受在 5—7 分钟后出现。这是由于手部皮肤的毛细血管舒张比脚部更明显，脚趾上的角质比手指上的更多，以及对应我们手的皮质比对应脚的要多得多，即在我们大脑中与手对应的神经更多。

身体发热的感觉，尤其是四肢上的，是身体放松的明确标志。就生理层面而言，这是由于四肢主要血管的血流量增加，而血流量的增加是由血管舒张引起的。自然的**血管舒张**或**血管收缩**受环境温度调节。环境温度会改变分流处的直径。分流处指的是动脉和静脉血管的交界处。在这些分流处，血液供应得到调解。如果环境温度升高，则会发生反射性血管舒张。在外部温度降低时，增加的小动脉张力会导致分流处的反射性闭合。这就说明，动脉血管的肌肉张力增加会导致外周血管收缩。因此，随着外部温度的变化，我们的身体会变冷或变热。

放松程序引发的外周血管舒张可以说是学习过程的结果。这一学习过程是典型的条件反射。这意味着，条件刺激可以诱发放松状态；这种刺激可以是一个特定的姿势、一个放松的自我暗示，或是某个图像。如果学习过程成功，则可以在各种日常情况下引起血管舒张和血流量增加。这意味着，血管舒张是可以受刺激控制的。刺激控制的程度取决于练习进度。如果练习得当，某种姿势便能更快、更可靠地引起血管舒张。在表 5 中会以自体训练法的温暖感练习为例再次说明这一事实。

表 5　以自体训练法为例的调节过程
（参见 Petermann & Petermann，2018；2019）

1	无条件刺激（UCS） 环境温度的变化： 升温		→无条件反射（UCR） 血管舒缩反应： 血管舒张和温暖感受
2	无条件刺激 环境温度的变化： 升温	+ 条件刺激（CS） 自我指导：我的一只手臂是温暖的！	→无条件反射 血管舒缩反应： 血管舒张和温暖感受
3	多次重复第二步		
4	条件刺激 自我指导： 我的一只手臂是温暖的！		→无条件反射 血管舒缩反应： 血管舒张和温暖感受

在放松开始时创造舒适的环境温度，可以支持外周血管舒张。血管舒缩反应也可以通过适当的想象来支持。想象将手放在温水中会让血管舒张。最后，解释有助于练习者更好地理解放松反应，并避免或解决可能感受到的威胁。例如对练习的启迪有助于防止误解。这里的误解是指四肢的刺痛和发痒被误认为手脚发麻。有时练习者会感到手脚肿胀或变得过大，这种感觉可能会让人不舒服。这是由于血流量增加，手指可能确实会轻微增厚。对这个生理过程的理解往往能消除其带来的威胁性。

练习三：身体感觉

1. 像第 49 页的"练习二"一样，裹着毯子在地板上平躺 5 分钟。不要想任何具体的事情，在心里对自己说 5—10 遍："我很平静！"

2. 如"练习二"中所述，将注意力放回到身体上，慢慢坐起来。

3. 将身体此时的感觉与进行"练习二"时的感觉进行比较：

→ 你的手臂和腿部有没有产生沉重感和温暖感？

→ 此时的沉重感和温暖感是否比"练习二"中的更强烈？

血管舒缩反应，即血管的舒张和收缩，是以一种特有的方式进行的，正如对自体训练法中的沉重感练习和温暖感练习的研究所显示的那样（见图 3）。在自体训练法后的放松练习中，练习者会经历四个阶段（参见 Vaitl，2000）：

阶段 1——初始阶段

初始阶段发生在练习开始时。在这一阶段中，身体会出现血管收缩和体温下降。

阶段 2——主要反应

这是放松过程中最长的阶段，其特点是血管舒张增加，因此会产生温热感。在这一阶段中，血管舒缩反应达到与初始值明显不同的水平，并且会根据练习情况维持一定时间。

阶段 3——最后低点

在这一阶段中，由于血管收缩，温暖感会短暂降低。这可能与放松练习结束时意识回归身体、呼吸加快有关。

阶段 4 ——后期反应

后期反应表现为血管舒张和温暖感增加，并在一段时间内保持在主要反应阶段的水平。

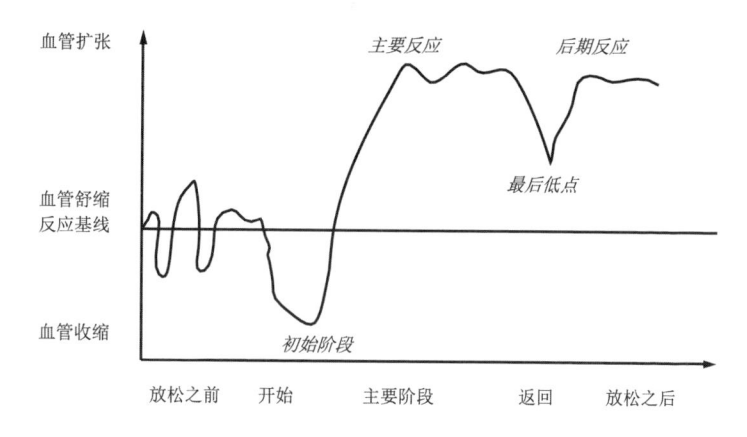

图 3　自体训练法的沉重感和温暖感练习过程中血管舒缩反应的典型过程（根据 Vaitl, 2000, 第 47 页修改）

脉率降低是另一个可由放松带来的心血管现象。这意味着心率的降低，即每分钟的心跳次数减少。许多情况下，在放松过程中只能检测到脉率轻微降低。平均而言，心率仅比个人初始水平降低几拍，即 5—8 次心跳。心率是观察激活过程的一项指标。激活尤其会在身体处于压力之下时发生，但也会在情绪和精神处于压力之下时发生。当没有身体、情绪或认知压力时，心率会下降。因此，找到适当的姿势，让身体处于平静状态，有助于支持放松过程。然而，这也意味着心率并不是放松的明确指标。

练习四：改变心率

1. 你需要找到一个伙伴来一同进行此练习。确定好谁先开始练习，然后再进入第二步和第三步的练习！由辅助者来测量练习者的心率。在练习中，需要准备一块带秒针的手表（当然，也可以使用可测量心率的腕式血压计）。辅助者将食指、中指和无名指放在练习者的左手腕内侧，寻找脉搏。找到脉搏位置后，辅助者开始看表计 1 分钟脉搏的次数。一种更简单的方法是数 15 秒，然后将 15 秒内脉搏的次数乘以 4。正常状态下的心率在每分钟 65—75 次之间。静息心率是例外，约为每分钟 60 次。体力和脑力消耗时的脉搏可能超过每分钟 75 次。测量脉搏记录如下：

t_1=正常状态下：＿＿＿＿＿＿＿次/分钟

2. 像"练习二"中那样,请练习者在房间里来回走动!接着,由辅助者测量其每分钟的脉搏并做记录。

t_2 =体力消耗情况下:_____次/分钟

3. 现在练习者平躺在地板上(参见"练习二"),辅助者轻声读出自体训练法的沉重感和温暖感练习的指令;首先进行 5 分钟左右的手臂和腿部的沉重感练习,然后进行约 5 分钟的手臂和腿部的温暖感练习(参见"自体训练法"一节)。辅助者需要平静、缓慢地低声读出沉重感和温暖感练习的指令。

4. 在结束之前,由辅助者记录放松练习者的心率。

t_3 = 休息/放松状态下:_____次/分钟

5. 接下来,练习者的意识回到身体,练习者慢慢地坐起来,大约 1 分钟后,最后测一次心率。

t_4 = 正常状态下:_____次/分钟

成功的放松过程会伴随着血压的降低;也就是说,血压正常的练习者和高血压练习者都能通过放松来降低动脉血压。

和心率一样，动脉血压与激活过程密切相关。身体活动，以及情绪或认知需求或压力都会使血压升高。这是因为放松程序抑制了自主神经系统的交感神经活动。交感神经系统负责许多身体活动，例如心率和呼吸频率上升、瞳孔放大或出汗，以及血压升高；交感神经的活动对机体的表现具有决定性的影响。

抑制交感神经系统会有两方面的影响：

1. 血管舒张，使得**外周血管阻力**降低。
2. **心输出量**减少。这意味着，每分钟从心脏射出的血液量减少。这又与心率有关，心率会因放松而降低（参见第54—55页），同时每搏输出量也会减少。每搏输出量是指心脏每次收缩时射出的血液量。

血管舒张和心输出量减少都会导致动脉血压降低。这两个系统中哪一个影响更大，取决于所使用的放松方法。

事实证明，通过自体训练法来降低血压是特别有效的。生物反馈和渐进式肌肉放松法等不同的程序相结合也有助于降低血压。所有证明能够成功降低血压的研究都显示一个共同的结果：只有在几个月内系统性地持续进行放松训练，血压才能降低。

— 生理层面：呼吸的变化 —

呼吸活动变化的外部迹象是呼吸在整体上变得更微弱、更均匀。这意味着**呼吸量变小，呼吸频率降低**。此外，还可以观察到腹式呼吸的发生频率升高，而胸式呼吸的发生频率降低。

呼吸周期本身也会发生变化，吸气和呼气之间的停顿时间变得相对较长。

呼吸的变化发生在放松过程的起始阶段，例如在自体训练法中，进行沉重感和温暖感练习时便能观察到这一效果。自体训练法的呼吸练习只会带来轻微的变化。

与心血管的变化一样，身体、情绪和精神压力的存在或减轻也会控制呼吸的变化。只要让身体休息并停止活动，呼吸频率就会降低，呼吸量也会减少。实证研究结果表明，放松带来的呼吸变化完全不会超过或没有明显超过休息引起的呼吸变化。无论使用何种放松方法，结果都是这样。

— 生理层面：皮肤电的变化 —

皮肤电的变化代表皮肤反应，是指根据激活或放松程度，皮肤的电特性会发生改变。这一神经控制完全通过交感神经系统进行，能刺激汗腺的活动；当交感神经系统受到抑制时，汗腺的分泌也会明显减少。皮肤的导电性取决于汗腺的活动。如果交感神经活动因放松而受到抑制，则汗腺会减少，皮肤导电性也会随之降低。

皮肤电的变化在研究中常被用作指示激活或放松程度的指标。用作指标的可以是**皮肤电阻**或**皮肤导电性**。在进行自体训练法有效性的研究时，可以观察到皮肤电阻持续增加，而皮肤电反应微弱。渐进式肌肉放松法的研究结果很少，但现有结果表明皮肤导电性会明显降低。

— 生理层面：中枢神经的变化 —

放松过程会带来中枢神经的变化，即脑电变化。脑电活动可以表现出大脑皮层被激活的程度。由此，也可以看出一个人的清醒程度。脑电活动提供了区分清醒状态不同等级的信息。

从高度集中注意力和警觉状态到被动状态,再到入睡阶段和睡眠阶段的状态都能加以区分。与目前为止讨论过的其他生理层面的变化相比,中枢神经变化的程度是评估放松状态的最佳指标(参见 Vaitl,2020a)。

脑电图(EEG)是用来确定大脑皮层兴奋过程的最常用的方法。脑电图记录了发生在颅骨表面的电位波动(参见 Birbaumer & Schmidt,2010)。当然,这种中枢神经活动的测量无法提供关于一个人的想法、想象或感受的任何信息。通过脑电图能了解脑电活动的三种表现:

1. **自发活动**。自发活动发生在颅骨表面,由连续的电位波动组成。电位波动的振幅和频率各有不同。振幅表示一个周期性变化量的最大值,频率是指每秒的振荡次数。电位波动的振幅和频率带来有节奏的脑电活动模式,而这又表明大脑皮层的激活程度。在使用放松方法时测量的脑电变化指的就是颅骨表面的自发活动(参见 Birbaumer & Schmidt,2010;Schandry,2016;Vaitl,2020a)。

2. **诱发活动**。诱发活动指的是由外部刺激触发（诱发）的脑电变化，可以通过听觉、视觉、触觉或嗅觉的刺激发生。电位变化在刺激出现后迅速发生。然而，诱发的脑电活动不适合用于检测放松反应，因为放松练习旨在降低大脑皮层的激活状态，而这与外部刺激的影响是相悖的。

3. **脑干电位**。脑干电位指的是颅骨表面的典型电位模式，也是由刺激触发的。脑干电位能让人找到电刺激传递的突触点。由于与诱发活动相同，脑干电位不适合在放松研究的背景下用作放松事件的衡量标准。

对放松过程具有重要意义的自发活动通过脑电图呈现出特有的电位波动（波形）。这就是 α 波的增加，它代表了一种放松的清醒状态。除了 α 波外，各种激活状态还包括 β 波、θ 波和 δ 波，以及所谓的K-复合体波（K-complexes）和睡眠纺锤波（sleep spindles）。下面简要介绍脑电图中的电位波动（参见 Birbaumer & Schmidt, 2010; Vaitl, 2020, 第 52 页）。

表6 自发脑电图的电位类型

α波

α波通常在放松的清醒状态下以梭状形式出现,可以通过肉眼在脑电图中清楚地观察到。闭眼时,动眼神经活动减少,在环境不产生干扰性刺激的情况下,α波的频率和持续时间通常会增加。α阻断是一种著名的心理生理学现象,指的是只要睁开眼睛或发生新的和意想不到的事件,触发定向反应,α波就会消失。一段时间后,由于习惯的作用,这种阻断又会消失。然而,这些现象并不是在所有人的身上都会发生;相反,就像下面描述的脑电波模式一样,它们在个体间有很高的分散性。

β波

β波与α波共同主导人在清醒时的脑电波图像。β波的活动在精神、情绪紧张和体力消耗时越来越多地发生。当β波在脑电图中明显占主导地位时,被称为"去同步"状态。"同步"状态则指的是α波在脑电图中占主导地位的情况。

θ波

θ波出现在两种不同的激活条件下。一方面,当人处于有限的清醒状态时,即打瞌睡、昏昏欲睡或介于清醒和睡着之间时,θ波会出现。另一方面,当人将注意力集中在一项任务上时,例如解数学题、看书或观察道路交通状况时,θ波就会出现。另外,众所周知,θ波活动在人体从直立到平躺的姿势转变过程中会增加。

δ波

健康人在清醒状态下的脑电图通常不会出现δ波。δ波是深度睡眠(又称为"慢波睡眠")的标志,δ波与放松方法的关联仅体现在它的出现表示练习者很有可能睡着了。

K-复合体波和睡眠纺锤波

在K-复合体波出现的情况下,至少会出现两种不同的波(电位波动)。与睡眠纺锤波同时出现时,K-复合体波表明一个人处于清醒和睡着之间。这一电位类型清楚地表明人处于一种浅睡眠状态。

在自体训练法对大脑的激活程度研究中发现，α 波是放松的清醒状态的标志。波的振幅水平因自体训练法的时间长短而异。六周及以上的练习时长被视为长期练习。短期练习者和长期练习者之间唯一的区别似乎是前者更有可能出现标志着向睡眠过渡的 θ 波。在短期练习者身上观察到 θ 波是伴随着沉重感出现的。另一个类似的区别是短期练习者比长期练习者更容易在放松时睡着。长期练习者似乎已经学会如何阻止自己从清醒状态过渡到睡眠状态，并在更长的时间内保持 α 波状态（放松的清醒状态）（参见 Vaitl，2000；Vaitl，2020a）。

— 心理层面：情绪、认知、行为的变化 —

放松反应不仅出现在生理层面，还会出现在心理层面。其中包括情绪和认知方面的变化，以及行为上的变化。

当成功进行放松时，情绪反应会变少。这意味着诸如喜悦、愤怒或恐惧之类的情绪甚少或完全不会被激发。通常情况下，一方面，现存的不愉快的感觉（例如恐惧）甚至会在放松的作用下被消除。另一方面，愉悦的感受和情绪会增加。

认知变化可以被理解为感觉到神清气爽，以及得到充分休息。这种变化与代表放松的清醒状态的α波一同出现。处在放松的清醒状态时，选择性的注意力会增加，因此人在放松过程中可以摄取特定的信息。同时，对外部刺激（如噪音、光线或触摸）的感觉阈值也会提高。这意味着，外部刺激几乎不再被感知，因而也很难引发任何反应（如神经肌肉反应）。反之，成功放松后神清气爽和得到充分休息的感觉有利于注意力的集中，以及信息的处理和记忆。

当感觉阈值提高并且外部刺激因此不再能够引发反应时，人的活动水平自然会降低（行为变化）。这意味着，一方面，运动性不安和多动症状会减轻，由此可以看出，平静是放松带来的行为效果。另一方面，情绪反应几乎难以再被激发，导致刺激减少，进而会影响放松者的行为。通过这一变化，放松者能够维持情绪和行为稳定。

放松过程的解释方法

放松过程可以通过自主神经系统或神经学理论来解释。自主神经系统病变的解释包括神经、心血管、呼吸和皮肤电反应等方面。神经学理论的解释指的是中枢神经的变化。早期的解释概念假定了不同脑区之间的"切换",即从积极到消极的自主神经系统状态。当时的说法是交感神经系统有激活作用,副交感神经系统有抑制作用。

然而,今天人们认为,放松程序的生理效果的产生可能是由于交感神经的唤醒受到了抑制。这并不代表副交感神经活动的增加和交感神经活动的减少。相反,可以理解为交感神经冲动对效应器官的影响减少,但并没有中断。

因此,放松似乎可以这样解释:在两个自主神经系统,即交感神经系统和副交感神经系统之间,存在一种平衡状态,而这一状态要通过放松程序来建立。

神经生理学的解释方法来源于放松过程中的中枢神经变化。其中,互感的心理生理过程也发挥了作用。这意味着,人们可以感知来自肌肉和内脏系统的身体信号。这种对身体信号的感知在学习放松方法的初始阶段特别重要(参见 Vaitl,2020a)。在自体训练法和渐进式肌肉放松法的标准程序中,放松指令或多或少是有针对性的,放松者会将注意力集中在指定的肌肉和内脏上。人们对变化的感知(互感),如温暖感、手臂和腿部由于神经肌肉活动和紧张的减少而变得"沉重",以及对心跳的感知,可以表明放松练习是成功的。然而,必须要注意的是,自主神经和中枢神经的变化过程在接受过放松练习的人身上是自行发生的,不需要增强感知来维持生理放松反应。另外,应该注意的是,每个人的互感能力有差异。

如前所述,脑电变化比自主神经系统指标更能清楚区分清醒和入睡的不同程度。放松的特别之处在于它虽然可以降低激活水平,但不会导致入睡,这一点与身体休息的过程相反。身体休息状态会使人产生困倦感,通常人会在一段时间后入睡。然而,在放松过程中，人会进入并保持在入睡前期阶段的半梦半醒状态，并不会真的睡着。这种状态被称为放松的清醒状态，可以通过较长时间的 α 波周期和轻微的眼球运动来识别。因此，我们追求的目标是让练习者长时间保持在清醒和入睡之间的状态（参见 Vaitl，2000；2020）。

对自体训练法的研究表明，与长期练习者相比，短期练习者在清醒和入睡之间的状态波动更大。因此，放松练习的目的是让人学会尽可能长时间不间断地保持在清醒和入睡之间的状态。放松的状态应该能够稳定地保持一段时间。过去，人们称之为放松的"深度"。

总而言之，放松状态不是为了把各种生理功能降低到零；相反，其目的是使自主神经功能保持平衡，并尽可能长时间地保持 α 波周期的自发脑电活动。

放松的类型

正如表 4 所展示的（参见"标准方法概述"一节），放松方法存在多种类型。每种方法所能达到的放松状态有着明显的不同。放松的类型可以按照如下方式进行划分：

➡ 对练习者有哪些**要求**，例如注意力；

➡ 会发生怎样的**注意力控制**，即使用放松方法时注意力是集中还是分散的；

➡ 主要会实现哪些效果（参见 Olness & Kohen，2001）。

影响范围指的是前文讨论过的放松的心理生理效应，例如血管舒张反应和皮肤电的变化。针对儿童的放松方法应该降低对注意力的要求，因为专注和放松是相互排斥的两种状态，儿童往往会将注意力集中在放松指令和身体过程上误解为必要的主动表现。相反，注意力应该在许多练习过程中通过适当的放松方法毫不费力地产生。在**注意力控制**这方面，有一些放松方法可以将注意力集中在特定方面或将注意力从特定方面转移。例如在对儿童疼痛的症状进行医学治疗的过程中使用放松方法可能是有意义的——取决于治疗方法、疼痛的类型和儿童面对疼痛时的行为——放松方法可以帮助分散孩子对疼痛的注意力或让孩子将注意力集中在疼痛上，以放松的态度避免极端反应，例如某些肌肉群的痉挛。

放松的类型也可以根据影响方式划分。共有三种影响方式，即认知的、感官的和想象的。影响方式可以被理解为"触发因素"，即认知的、感官的和想象的影响可以触发人的放松反应。

以影响方式为标准，放松的类型目前可以分为**两种**，两者各有不同。由感觉刺激触发的放松反应是 SIC 型；感官放松发生之后会产生放松的心理图像（想象），最后是由认知控制的放松过程（见表 7）。第二种常见的放松反应顺序正好相反，人们先利用认知线索进入放松状态，然后产生图像想象，最后才会出现感官放松。这一类型被称为 CIS 型（见表 7）。另外，还存在未被列出的反应顺序不同的其他放松类型。

表 7　放松反应的常见顺序

放松类型	放松模式/如何产生效果
SIC型	感官放松（S） 图像想象（I） 认知（C）
CIS型	认知（C） 图像想象（I） 感官放松（S）

目前而言，只有在金钱上有所支出才能确定一个人偏好的放松类型。

拉扎勒斯建议通过询问 35 个问题来确定放松类型的偏好（参见 Lazarus，1989）。这一对话旨在发掘谈话对象偏好的放松类型，以及哪种类型对其更有效（参见 Lazarus & Mayne，1990）。对于十三岁之前的儿童，通过想象性的方法进行放松通常特别有效，也是他们最容易进入放松状态的方法。儿童喜欢处理想象的画面或是做白日梦，所以想象的方法是符合他们的认知结构的。这种过程对儿童的注意力要求也很低；如果有合适的图像，便可以非常容易地给儿童带来生理上的放松反应。想象又分为只包含刺激命题的想象、包含刺激命题和反应命题的想象两种。只包含刺激命题的想象是指在孩子没有主动参与的情况下讲述想象情景。这意味着，孩子的想象力是通过听故事来塑造的，比如以柔软的苔藓为床，躺在上面听小溪潺潺。在包含刺激命题和反应命题的想象中，对行动的指示或对特定反应的提示被整合到故事中，比如让孩子想象自己在明亮、温暖的水中漂动，并以一种特殊的方式感到沉重，又如在尼摩船长的故事中，让孩子穿上潜水服，孩子会逐步感受到平静，再如尼摩船长说"放轻松，一切都会好起来的"，这些例子都包含反应命题（参见"想象性放松方法"一节中的"尼摩船长的故事"）。相比于只包含刺激命题的想象，包含反应命题的想象所产生的放松过程更为有效。表 8 中将不同的放松方法按照放松的类型进行了分类：

表 8 放松方法的分类

感官放松
→ 渐进式肌肉放松
→ 生物反馈
→ 乌龟幻想法
想象放松
→ 尼摩船长的故事
→ 史特奇 401
→ 神秘的星球
→ 在魔法城堡里
认知放松
→ 自体训练
→ 冥想法

四到六岁的低龄儿童和青少年非常适合与身体相关的放松方法,即感官性放松方法(参见"感官性放松方法"一节)。

放松在机构中的应用及实施条件

本章将详细介绍放松的适应证和禁忌证，实施放松方法的具体要求，放松的必要条件和可能遇到的困难，以及对放松效果的合理的预期和不切实际的幻想。

本章将讨论特别适用于儿童的放松方法，以及相关的禁忌证。由于放松的基础，尤其是放松的生理基础已经得到证明，因此实施方法在很大程度上决定了放松过程能否成功。为此，本章"实施要求"一节中会详细介绍实施放松方法的具体要求。本章最后将给出对放松效果的合理预期，以及必须承认的放松效果的局限。

放松的适应证和禁忌证

放松方法须就其指定的效果进行评估。例如放松方法无法消解孩子的攻击性行为，孩子的焦虑症也不会在使用放松方法后便消失。同样的，放松方法不能"治愈"患有支气管哮喘的儿童。

— 适应证 —

正如"放松和休息仪式对儿童青少年的重要性"一节中所述，放松程序可以降低生理和心理上的兴奋性，所以具有十分重要的意义。放松有利于一些身体反应，如新陈代谢、心脏活动、呼吸和肌肉活动，会给身体带来平静；随之而来的还有认知和情感方面的积极影响。这些心理影响能创造积极的条件，有利于学习过程、支持计划的实施，以及应对身体患有慢性疾病的紧急情况等。例如患有哮喘的孩子可以学会在出现哮喘发作的最初迹象时进行放松练习，以控制对哮喘发作的恐惧。这也能为儿童在哮喘发作开始时正确执行应急计划创造先决条件。表 9 概述了针对儿童青少年可以使用的放松方法的领域。

表 9 放松方法的应用领域

渐进式肌肉放松法	作者
攻击性行为、愤怒调节	Lopata（2003），Bornmann et al.（2007）
哮喘	Nickel et al.（2005）
攻击性反社会行为	Nakaya et al.（2004），Petermann & Petermann（2012；2020）
生物反馈	作者
注意缺陷与多动障碍	Strehl et al.（2004），Li & Yu-Feng（2005）
焦虑症	Hammond（2005）
膀胱功能障碍	Yagci et al.（2005）
抑郁症	Hirshberg（2006）
腹痛	Masters（2006），Noeker（2020）
头痛	Gerber-von-Müller et al.（2020）
躯体形式障碍	Nanke & Rief（2013）
想象性放松方法（包括尼摩船长的故事）	作者
哮喘	Dobson et al.（2005）
腹痛	Ball et al.（2003）Noeker（2020）
攻击性行为	Petermann & Petermann（2012；2020）
自体训练法	作者
焦虑症	Manzoni et al.（2008）
行为问题	Goldbeck & Schmid（2003）

— 禁忌证 —

一些身体疾病被视为禁忌证,身患这些疾病时,不能使用放松方法,或者只有在非常专业的情况下及处于医疗监督下才能使用放松方法。建议对下列情况采取谨慎的态度:

→ **小气道哮喘**:患有支气管哮喘的儿童青少年,若其哮喘主要影响细支气管,即支气管系统中的小分支,则不能参与放松程序。这是由于副交感神经的激活会使气道变窄。然而,如果气管,特别是支气管,已经因黏液和痉挛而变窄,而副交感神经的激活进一步加剧这种情况,这就可能会引发哮喘(参见 Vries, de & Petermann, 2020)。

→ **胃肠道疾病**:患有胃肠道慢性疾病(消化性溃疡/胃溃疡;结肠炎/结肠黏膜炎)的儿童青少年不能在疾病的急性期使用任何放松方法。这是因为放松状态会导致胃酸增加,从而对胃黏膜产生不必要的刺激;此外,放松会导致流向胃黏膜的血液量增加和胃部过度蠕动(参见 Vaitl, 2020a)。所有上述因素都可能在疾病急性期导致胃出血等症状。

→ **心血管疾病**：如果儿童或青少年有先天性心脏缺陷，或患有严重的心血管疾病并且血压长期处于极低水平，则必须在使用放松方法之前咨询儿童的治疗医生［参见《放松对心率的生理学影响》（"die physiologischen Wirkungen von Entspannung im Hinblick auf die Herzrate"）］（参见 Linden & Mussgay，2020）。

→ **癫痫**：患有癫痫的儿童青少年应该在咨询主治医生后非常谨慎地进行放松。如前所述，放松会改变脑电活动并使人进入与睡眠前阶段类似的状态（参见 Vaitl，2020a）。然而，患有癫痫的儿童青少年在睡眠结束后的清醒阶段特别容易癫痫发作。由于放松的人也可能进入睡眠状态，尤其是在没有经过训练的情况下，这便可能在放松练习结束时带来癫痫发作的风险。

— 副作用 —

除了上述禁忌证外，放松方法还可能出现副作用。副作用的出现通常是由于缺乏有关放松过程中生理变化的信息。信息的缺乏反过来又会导致对放松方法实施期间的特殊变化的错误理解（参见 Vaitl，2020）。副作用表现为矛盾反应：

→ **焦虑**，指由放松引起的焦虑（Relaxation Induced Anxiety，简称为 RIA）；这类焦虑与对失去控制的恐惧、无助、沮丧，以及无法确定的威胁感有关。

→ 有些人对沉重感和温暖感的体验为**麻木**，他们觉得这很不舒服。

→ **肌肉张力增加**以及**心率增加**这样的矛盾反应可能会发生，这是与放松反应相反的效果。

→ **困倦、眩晕、坠落感**等被认为是令人不快的副作用，甚至会被理解为惊恐发作，而不是积极的放松效果。

— **身体感觉** —

本节将总结并简要介绍放松过程中可能发生的特殊事件。对身体发生的特殊事件（身体感觉）的正确解释有助于避免矛盾反应和副作用，或者说，如果已经产生了负面效果，也有助于以积极的方式进行处理。

→ **轻微的肌肉抽搐**：这是放松逐渐加深的标志；同时，它也表明肌肉在相应的神经传递过程中仍然存在张力。轻微的肌肉抽搐也可能是放松者即将入睡的标志。

→ **轻微的肌肉振动或刺痛感**：这种身体反应可以与轻微的肌肉抽搐以同样的方式理解。同时，这也表明流向四肢的血液量增加。

→ **轻微头晕**：如果练习者没有伴随低血压的心血管疾病，那么这种身体反应只是一种未知的新感觉，可能是在放松的过程中由于体内血液循环和血压状况发生变化而产生的，对身体并无伤害。

→ **对坠落感和失去控制的恐惧**：当人很快"坠入"深度放松状态时，就会出现这种感觉。人会对新的身体感觉和放松的体验感到惊讶，这可能会产生威胁和恐惧的感觉。

→ **忧虑、担心有问题发生的想法**：这种认知过程是放松进程中的正常现象。练习者不用感到烦扰，应该将担心问题出现的想法轻松地抛到一边，尝试进入并适应放松的情境。反复出现这样的想法也是正常的，练习者需要做的是一次又一次耐心地尝试将这些想法放在一边，专注于放松的过程及其指令。至关重要的是，不要在压力下进行放松练习，因为压力与放松是不相容的。

实施要求

在实施放松方法之前，应该考虑儿童或青少年的**年龄**，以便选择恰当的放松方法。孩子的认知发展也必须考虑在内。比如针对一个有学习障碍的青少年，可以考虑采用适用于儿童的放松方法。这一点将在有关儿童青少年放松程序的各个章节中进行更详细的讨论。

放松方法的实施一方面需要设计完善的**外部条件**，另一方面要按照指定的仪式进行。在对儿童青少年首次实施放松程序之前，必须有一个信息准备阶段。

一 准备工作 一

在第一次进行放松之前，需要告知儿童青少年所使用的放松方法，清楚地交代即将使用的放松方法会**如何实施**、可能出现的身体感觉有哪些,这会激励儿童青少年了解放松方法。信息透明度的提高能减少拘束感、不安全感和恐惧。在准备阶段,这些信息能够帮助儿童青少年建立对放松效果的实际预期。必须让孩子们明白,在放松阶段之后,身体将更平静,他们可以更好地集中注意力,几乎不再有愤怒或恐惧等不愉快的感觉。但是,他们不能期望放松会产生任何"神奇的效果"。例如不能引导孩子们相信,如果他们练习放松,他们在学校的问题或与父母和同龄人之间相处的困难就会"凭空消失"。最后,必须让孩子们明白,放松或休息练习并不是要让孩子们比赛看谁放松得最快、谁的温暖感最强烈等,放松与成绩无关。另外,还要让孩子们意识到,他们不能强迫自己放松。

准备工作是为了让孩子们产生安全感,从而毫无顾忌地进行放松练习;此外,它还能减少练习初期不熟悉新的练习环境造成的不确定性或兴奋。

— 外部条件 —

零干扰和低刺激的外部条件是进行放松练习所必需的。这意味着必须消除环境中的听觉、视觉、触觉或嗅觉上的影响。通过避免外部刺激，身体内部刺激的激活水平也会降低，从而促进身体的平静。在设计外部条件时必须考虑以下几点：

→ **环境**：应尽量避免噪音和外界的声音。房间应该足够温暖。对于许多儿童青少年来说，毯子和枕头既可以当作坐垫，也可以用来遮盖。灯光不宜太亮，但也不宜太暗。

→ **着装**：儿童青少年应当身着没有束缚的舒适衣物。这意味着裤扣太紧的话可以解开。

→ **身体状况**：孩子们应该在放松程序开始之前再去一次厕所，因为想上厕所的感觉会影响练习。此时，孩子们也不应该有痒的感觉，因为这是一种非常主要的身体感觉，而孩子们很难抑制抓挠的倾向。如果身体的某个部位已经得到了系统性放松，就不要再移动了，否则肌肉群会再次紧张，放松过程就会被中断。

→ **身体姿势**：无论是坐着还是躺着，都要找到并保持舒适和正确的身体姿势。正如"不同层面上的放松效果"一节所述，正确的姿势对于神经肌肉的放松尤为重要。正确的姿势能从放松开始就起到支持的作用，还可以防止出现令人不快的副作用，例如背部、颈部或头部疼痛。

a) 正确的坐姿应该是将整个臀部放在椅子上，双腿并排，双脚着地。儿童或青少年背靠椅背，手臂和手放松地放在大腿上。双手不相触碰，头稍低，但下巴不能垂在胸前；换句话说，颈部不能因为低头而过度紧张。孩子们可以想象自己"像爷爷睡在躺椅上一样"坐下来。如果面前有一张桌子，就像在课堂上那样，那么他们也应该将整个臀部坐在椅子上，双腿并排，双脚着地。与上述坐姿不同的是，孩子们可以将双臂交叉放在桌子上，将额头贴在手臂上。

b) 在躺姿下进行放松时，在儿童头部下方放一个枕头是很有帮助的；如果儿童躺在地板上，那么应该躺在垫子或毯子上以保持温暖。即使躺下，双腿也不能交叉，应该并排。手臂放在身体左右两侧的地板上，头部摆正，不要偏向一边。在任何情况下都必须注意保持仰卧位，即使孩子们想要俯卧或侧卧，也是不可以的。因为，这会对呼吸产生明显影响且仅会产生有限的神经肌肉放松反应。

→ **眼睛**：理想情况下，进行放松的儿童青少年应该闭上眼睛。一些儿童青少年在这方面有困难。这种情况下，可以允许他们睁着眼睛；但是，他们应该降低视线，垂下眼睑。可以通过指导孩子来实现这一点，在坐着进行放松时，可以让他们看向自己的膝盖，在躺着进行放松时，则让他们看自己的鼻尖。

→ **空间位置**：实施的另一个要求是孩子和放松指令发出者之间的**空间距离**。对于儿童来说，空间距离不能太远，也不能太近或太窄。然而，对于他们来说更重要的是，他们需要知道自己睁开眼睛**随时都能看到**放松指令发出者。在安排坐下或躺下的位置时必须考虑到这一点。对于青少年来说，空间距离不能太近，否则他们很容易感到这是对他们隐私的侵犯。然而，对于他们来说，睁开眼睛就能立即看到放松指令发出者也是很重要的。这能给他们带来一种安全感。

— **注意力集中** —

在实施几乎所有的放松方法之前都会先进行一个起始仪式，用于进入休息状态。在这一仪式中，主动的、警觉的和向外的反应意愿将会减弱或降低，从而使注意力逐渐地转向内部并集中到身体本身的变化中。换言之，应该形成一种被动的感知状态，这对放松很有帮助。在大多数放松方法中，起始仪式都是以"我很平静！"的指令开始。

经设计的外部条件和被动接受的向内的注意力焦点可以减少感觉的输入。闭合的双眼和感觉输入的减少会导致眼球运动的减少。所有上述因素共同作用能降低警觉水平并抑制身体激活，即：

⟹ 外周血管舒张及相应的温暖感

⟹ 神经肌肉张力下降及相应的沉重感

⟹ α 波的增加是放松的清醒状态的标志

— 信任 —

最后,还要考虑儿童青少年与放松方法实施者之间的关系。无论采用何种放松方法,进行放松的一个重要前提是孩子与成人之间存在信任关系。这意味着,在放松程序开始前,不仅要让孩子熟悉流程,还要让他们熟悉放松方法实施者。如果放松方法实施者是儿童青少年已经认识的成人,那就再好不过了。然而,在这种情况下,必须注意了解迄今为止孩子与该成人在何种情况下,以及何种需求结构中有过什么经历。例如与学校老师在一起时,学生在任何情况下都不能轻易地放松。如果在放松过程中学生对教师角色的认知与已经形成的认知差异太大,则会导致学生对学校老师的不理解、疏远或不信任(参见"必要条件和可能遇到的困难"一节)。学校老师的这种出乎意料的,而且对于学生而言与教师角色不相符的行为可能会导致学生对老师失去信任。

如果儿童或青少年与想要实施放松方法的成年人在不久前曾发生过冲突,放松程序也不能进行。只有在双方都满意地解决了冲突,冲突事件发生了一段时间,并且愤怒或恐惧等情绪被克服之后，才能实施放松方法。综上所述，可以说，只有在放松方法实施者与儿童或青少年之间存在信任关系的情况下，放松方法才能成功实施。当成年人面对儿童青少年表现得可以依赖且毫无隐瞒时，信任关系就会得到促进（参见 Petermann, F., 2013）。

必要条件和可能遇到的困难

在使用放松方法之前,必须先回答以下问题:

➡ 放松方法在整个教学理念中的重要性如何?

➡ 谁来实施放松方法?其任务和角色是如何定义的?

➡ 在哪些日常情况下适合进行放松练习?

➡ 哪些特定的学习过程是必须经历的?

➡ 会遇到哪些困难?

— 在教学理念中的重要性 —

原则上而言,有条理的日常生活与具有可操作性教育目标和计划的以目标为导向的**教学理念**不仅是有益的,而且是有意义地使用放松方法并将其整合到日常生活中的必要的先决条件。否则，放松方法的使用可能会变得充满神秘主义色彩，并且无法在满足必要条件的情况下产生它们所能达到的效果。具体而言，这意味着，在没有规则和协议、几乎所有东西都可以被随意选择和塑造的教学环境中，无法有效地使用放松方法。此外，此种教学理念对所有儿童的发展都是不可行的，对有行为障碍的儿童更是禁忌。

在使用放松方法时，原则上必须决定是将放松练习融入儿童或青少年的日常生活，还是选择使用专家服务。将放松练习融入日常生活意味着由训练有素的教育工作者定期对孩子使用放松方法，即每天或每隔一天，持续数周。例如老师在第一节课开始前或在大休后的第二个集中学习阶段开始时，与学生一起进行放松训练，是很合适的。在课外时间，将放松练习融入日常生活可能意味着父母或教育工作者在日常生活中的重要活动之前与孩子一起进行放松练习，以便孩子更好地应对任务或要求。这里指的是做功课前或上床睡觉前。在第一种情况下，放松练习旨在帮助儿童青少年集中注意力。在第二种情况下，使用放松方法旨在帮助孩子入睡。

专家服务指的是由有实施放松方法资质的教育工作者或儿童心理治疗师在固定时间为儿童青少年提供放松练习的指导，频率为每周1—3次，持续一段时间（比如半年）。该类服务在各种各样的机构都能寻求到，如寄宿照料机构、儿童康复诊所、心理诊所、儿童青少年精神病院，以及学校。

— 角色的界定 —

在将放松练习融入日常生活和使用专家服务这两种模式中，都要让孩子们来界定放松方法实施者的角色，并且是开诚布公地告知儿童。必须通过解释和说明让儿童青少年清楚地了解情况，例如实施者不再是教师、评估者甚至父母的角色，而是执行一项支持休息和放松的具体措施的角色。如果对角色的界定不到位，儿童青少年可能会产生错误的期望，而这可能会导致不安全感，甚至信任的丧失，例如孩子无法充分区分同一位老师在数学课上的行为和与其一同做放松练习时的行为这种情况。

在这种情况下，还应着重考虑用于描述放松练习的术语。应避免使用放松程序、放松方法、自体训练法等术语，尤其是在教学背景下,因为它们往往会引发不安全感、保留意见和偏见,还会引发不合理的高预期;对父母来说也是如此。更好的表达方式是休息仪式,这可以帮助孩子减少烦躁和兴奋,更好地集中注意力,并使其躯体平静下来,以便更好地学习、玩耍或应对日常生活中的其他事务。

对术语选择的讨论也清楚地表明,在教学背景下实施放松方法必须经过精心计划和准备。放松程序不能直接开始,而是必须先向儿童青少年介绍放松和休息的仪式。应向孩子解释放松的目的,并且根据不同的放松方法,让孩子以不同方式积极参与介绍的过程,如问答、用图片和照片进行阐述或是绘画一类的创造性活动。这能让儿童青少年对放松方法的实施有所了解,这一点已经被多次提及,而这也是建立信任的必要条件(参见"实施要求"一节)。

— 日常生活和放松 —

前文已经提到有条理的日常生活是实施放松方法的必要条件。这里需要再次强调,只有当一个人定期进行放松练习时,放松方法才能成功。放松练习的进行必须仪式化。这意味着,除了定期练习外,还必须尽可能在同一时间、同一条件,以及类似的日常情况下进行,以便将放松反应与日常情境联系起来,使平静和放松的状态能更容易转移到这些日常情境中。

只有这样,身体平静、情绪平衡和接受能力提高的积极效果才能拓展到日常生活中。白天做放松练习的时机应该选在孩子们发泄情绪、活动身体和参与运动之后。相反,在不合适的时机,如即将进行体育活动的时候进行放松练习则不容易成功。先放松再运动的顺序是毫无意义的,反过来则通常是需要进行放松的情形。如果在一天中的安静阶段之前进行放松仪式,例如在饭前、进行安静的游戏活动之前、做作业之前、学习新的课程之前、上床睡觉之前,对儿童青少年都有帮助。此外,包括仪式化休息在内的有条理的日常生活,普遍对于儿童青少年,特别是对于有行为问题的儿童青少年来说,是重要的安全感来源(参见 Fichtner & Petermann, 1998; Freimann, 1998; Frey, 1998)。

— 学习过程和经验反思 —

进行放松仪式的教育工作者应当是在良好的指导下进行过学习的（包括放松方法的自我体验）。他应当明确支持其习得的放松方法，因为只有在他自己深信不疑时，才能达到放松的效果。教育工作者应在其机构中留意寻找同样接受过放松方法培训的同事；交流使用这些方法的经验往往是很必要的。这也包括在对儿童青少年进行放松训练时，让一位同事进行旁听，以便交流观察结果并反思方法过程。当教育工作者对儿童青少年缺乏专业经验，并且在使用放松方法方面没有受过训练时，这一点尤其重要。如果一个教育工作者没有经验，可以在对孩子使用放松方法之前，先在有经验的同事身上练习使用，这将十分有益。这位有经验的同事能就指令的措辞、语气、语速、指令之间停顿的时间，以及是否出现身体感觉等方面给出不同的反馈。

— 使用中的问题 —

如前所述，放松方法并不能适用于所有儿童青少年，也不能适用于每一种情况。如果不考虑这一点，可能会导致儿童青少年没有动力参加放松仪式,甚至会导致他们拒绝练习或以更微妙的方式抵制这种做法,例如嘲笑。尤其是在群体中,这会产生特别不利的影响,因为儿童青少年的这种行为具有很强的传染效应。如果在考虑到上述的放松要求之后儿童青少年还是出现放松困难,那么教育工作者必须向自己提出以下问题,以帮助了解和消除这些困难:

➡ 对于所选择的放松方法,孩子们的年龄是否太小,或者以他们的认知水平还无法理解放松方法的指令和程序?

➡ 孩子们是否有语言障碍,因此他们无法理解放松指令?

➡ 孩子们的想象力是否太贫乏,导致他们无法进行想象性放松方法?

➡ 对于所选择的放松方法,儿童青少年的年龄是否太大了,所以他们认为该方法是幼稚的?尤其是青少年,在这种情况下他们会觉得自己没有被认真对待。

➡ 孩子们在放松练习前是否刚经历过冲突,因此他们非常激动和不安？

　　➡ 所选择的放松方法是否适合孩子们，还是过于以成人为导向（例如经典形式的自体训练法）？

　　➡ 在放松练习中，儿童或青少年是否产生了对自己和情况失去控制的感觉，因此他们对放松程序产生恐惧和抵触？

　　以上是儿童青少年在放松过程中遇到困难时教育工作者需要思考的问题，这些问题表明了放松方法实施者有必要清楚了解使用的方法及其目标，并开诚布公地告知孩子们。在**教育**领域中，应该始终以**预防**为目的而使用放松方法。放松方法往往用于帮助孩子们更好地应对日常生活中的要求和压力。在教学背景下，放松绝不能与治疗有所关联。这将超出教育工作者的能力范围，也会引起同事或孩子父母的关注和警觉。由于这些原因，本书仅介绍以预防为目的、可使用的、针对儿童青少年的放松方法。

　　如果父母在家庭环境中使用放松方法，其目的也是为了以更轻松的方式管理所有家庭成员的日常需求。上面提到的许多与教育领域中使用放松方法相关的方面和问题，无论是在日托中心、学校还是在青年福利机构，也适用于在家庭环境中对放松方法的使用。详细的内容包括外部条件的设计、信任关系，以及实施过程中可能出现的问题。

关于使用放松方法的其他困难，如副作用或放松时闭眼的问题，已经在"放松的适应证和禁忌证"一节和"实施要求"一节中讨论过了。"渐进式肌肉放松法（青少年版本）"部分将涉及青少年在放松时会出现的问题。

合理的预期和不切实际的幻想

"不同层面上的放松效果"一节中已经详细介绍了放松练习体现在生理和心理层面的效果。经验证,放松练习中会出现这些效果。当儿童青少年被问及放松时和放松后的感受时,他们通常会提到以下内容:

- ➡ 我快要睡着了。
- ➡ 我感到很平静,感觉很好。
- ➡ 我的手臂变得如此沉重且充满力量。
- ➡ 我的手臂和腿部很暖和。
- ➡ 我们什么时候能再做休息练习?

即使不进行生理测量,也很容易观察到儿童青少年在进行放松练习后躯体更加平静和缓慢了，吵闹和噪音减少了，情绪平衡使得挫折承受能力在一定程度上增加了，他们可以更加集中精力学习和工作。这些放松效果在放松练习后还会持续很长一段时间，前提是接下来的日常生活中的任务也是平静的，能给孩子们带来休息的信号。如果在放松练习后，孩子们回到一个嘈杂、不安的环境中，并受到许多外部刺激（例如声音很大的音乐、喊叫、争吵等）的影响，那么在这样的日常生活条件下，积极的放松效果则不能长久地维持下去。

对于儿童青少年而言，他们可以轻松理解的放松方法是特别有效的。这意味着，在设计放松方法时，必须保证其对孩子们的注意力或认知上的努力没有过高的要求。想象性的方法尤其满足这些要求，这种放松方法使用与儿童年龄相符的想象图像和故事，使放松过程易于被儿童理解和接受。

指望通过放松方法来调节儿童青少年的精神障碍是**不切实际**的。放松方法没有针对性，所以无法做到这一点。放松方法不能满足的另一个期望是让孩子们在放松练习后数小时内仍然保持躯体和语言系统的平静。同样，期望每个人都会对放松程序做出积极的反应也是不现实的。尽管对放松程序有积极反应的儿童青少年比例确实非常高，但不得不承认的是，即使选择同一种放松方法，其效果也可能是完全不同的。一般来说，儿童很容易接受和进入放松程序，特别是使用想象性放松方法时。这可能与他们的暗示感受性程度高有关。然而，这种情况在青春期会出现变化。在这一年龄段，青少年和成人之间的相似性比青少年和儿童之间的相似性要高。这意味着与儿童相比，青少年对放松程序的积极反应要少得多。因此，教育工作者必须摆脱这样的期望，即只要他选择了正确的放松方法，就可以适用于所有的儿童青少年［参见"渐进式肌肉放松法（青少年版本）"部分关于青少年的具体问题］。

最后，不应抱有通过放松练习来彻底解决学习/表现问题的预期。与期望通过放松练习来减少行为问题的原因相同，这种期望也是不现实的。儿童青少年在学习和知识上的缺陷通常非常严重，必须通过有针对性地练习来弥补这些差距。同样的，行为问题和社会情感问题也只能通过结构化的、有针对性的和模块化的支持方案，以及适当的日常生活来改善（参见 Petermann et al.,

2019；Petermann et al.，2016a；Petermann et al.，2016b）。放松的状态能有一定的帮助，但不能取代有针对性的社交行为练习或学习计划。

使用放松方法的益处在于能带来认知领域的积极影响，例如减少感知和处理信息时的干扰（约束），改善儿童青少年的专注力、注意力和情绪状态。这两点都可以改善孩子的学习条件（参见 Hermecz & Melamed，1984；Lazarus & Mayne，1990；Petermann，U.，2020；Petermann & Petermann，2018）。

适合儿童青少年的放松方法

本章将介绍适合儿童青少年的放松方法，包括乌龟幻想法、渐进式肌肉放松法等感官性放松方法，以及尼摩船长的故事等想象性放松方法。

本章将介绍适合儿童青少年的放松方法，简要讨论各种放松方法的概念背景、针对特定年龄和发展阶段的适用性，以及具体实施过程及其必要说明。感官性放松方法和想象性放松方法将分别用例子进行说明。纯粹的认知性放松方法不会做介绍，因为它们不适合十岁以下的儿童，也不容易被青少年接受。然而，大多数想象性放松方法都包含认知元素。纯粹的认知性放松方法已经在"标准方法概述"一节中做过介绍，指的是自体训练法。

感官性放松方法

本节将介绍两种感官性放松方法。一种是乌龟幻想法，另一种是渐进式肌肉放松法。

— 乌龟幻想法 —

这种放松方法是一种以运动为导向的方法，是我们根据施耐德和罗宾的研究为幼儿园和小学一到三年级的儿童开发的放松方法（参见 Schneider & Robin，1976）。该方法可以在许多日常情况下使用，轻松而且简单。它也非常适用于**一大群孩子**，即针对学校的一个班级或幼儿园的一个小组。

这种方法通过运动来实现感官放松，除此之外，认知放松信号和想象力也是该方法的重要组成部分。想象力是该放松方法的中心——"乌龟"。这种动物的特性被用作诱导平静和放松的关键点。

实际过程分为三个步骤：

➡ 以互动的形式详细地为孩子们介绍乌龟这种动物。关键在于要让孩子们明白以下几点：首先，乌龟的动作非常缓慢，行走时会非常小心地将一只脚放在另一只脚前面；其次，乌龟是一种安静的动物，不会发出很大的声音；最后，乌龟有极好的天然保护物，即一个大壳，乌龟可以把它的四肢、头和尾巴完全缩进壳里。当乌龟被什么东西撞到或自己撞到什么东西时，当它被人不友好地触碰时，或者当它"恼怒"或"害怕"时，它便会缩回壳里。

➡ 最好能给孩子们看几张乌龟的图片，这样他们就能对这种动物发挥不同的想象力。如果有机会亲自观察乌龟，那么这是向孩子们介绍这个放松方法的理想选择。

➡ 下一步是要求孩子们像乌龟一样缓慢、安静地在房间里移动。换句话说，孩子们应该模仿乌龟的样子。一个有效的方法是让一个孩子向其他孩子展示乌龟的动作，这样一来孩子们就能清楚地知道应该如何扮演乌龟。重要的是，在整个运动游戏过程中要不断对孩子们进行指导，引导孩子们以正确的方式模仿乌龟。以下指令很合适：

- 我走得像乌龟一样慢。
- 我像乌龟一样安静。
- 我像一只缓慢而沉默的乌龟一样在房间里移动。
- 我像一只安静而警觉的乌龟一样细心。
- 当我撞到别人时，我就像乌龟一样缩进壳里。
- 我的动作像一只缓慢而沉默的乌龟。
- 如果我撞到什么东西，我会像乌龟一样缩进壳里。
- 如果有人轻推我，我会缩回壳里。
- 我像乌龟一样安静而缓慢。

➡ 在运动游戏开始之前，要让孩子们认识到游戏的一项重要**规则**，这项规则是：

如果我撞到某人，如果我被某人推，或者如果我撞到某个物体，那么我就会像乌龟一样缩进壳里。

要与孩子们约定好，当他们接收到一个信号时，他们便可以从"龟壳"里出来。这个信号指的是教育工作者在 30—60 秒后抚摸孩子的背部；这是孩子们再次爬出"龟壳"并在房间里继续前进的信号。

乌龟幻想法必须**每天在固定时间**实施。例如在学校课堂上，可以在课程开始时立即实施乌龟幻想法，以便将由此产生的平静和平衡带入课堂中。在幼儿园里，漫长的上午应该安排一个休息阶段，帮助孩子们平静下来。在这样一个阶段中就可以使用乌龟幻想法。如果使用该放松方法，那么则需要在为期几周内每天进行相应的练习。这样的运动游戏需要持续 5—10 分钟，时间长短取决于孩子的年龄。

第一周时，可以移开桌子、长凳和其他障碍物，以便让孩子们更轻松地移动。第二周时，通过在房间里留下障碍物，使孩子们不得不在障碍物的下方或上方移动，让孩子们注意要像乌龟一样缓慢且安静地移动，从而增加移动的难度。第三周时，给孩子们讲述一个乌龟的故事，这个故事会涉及与孩子们的日常生活相近的话题。以下事例讨论的是孩子们之间发生争吵和不愉快的情况。故事如下：

方框 1　乌龟的故事

　　有一只小乌龟正是上乌龟学校的年龄。从前几天开始，她就没有来学校。小乌龟经常和另一只乌龟吵架，那只乌龟经常推她，拿她的东西，或者和她打架。小乌龟经常因此被老师骂。小乌龟对此感到很不舒服，她宁愿逃学。

　　一天下午，小乌龟拜访了一只巨龟。巨龟年纪很大，有一个很大的龟壳。巨龟被称为"乌龟奶爷"，大家之所以给他取这个有趣的名字，是因为没有人确切地知道他（她）是"乌龟爷爷"还是"乌龟奶奶"。当被问及这件事时，乌龟奶爷只是咧嘴一笑。小乌龟猜想，大概乌龟奶爷也已经不知道了，因为他（她）太老了，早就已经忘记了。每当小乌龟遇到困难不知道该怎么办或者感觉到不舒服的时候，她就去找乌龟奶爷寻求建议。小乌龟向他（她）说完学校里发生的事情后，乌龟奶爷若有所思地看了小乌龟一会儿。突然，乌龟奶爷眼睛一亮，笑了起来。他（她）说："你知道吗？其实你身上就有解决这个问题的办法。"小乌龟睁大眼睛疑惑地看着乌龟奶爷。乌龟奶爷敲了敲又摸了摸小乌龟的壳，然后她便知道乌龟奶爷的意思了，也忍不住笑了。乌龟奶爷说："你知道的，当我生气或焦虑的时候，我只需要缩进壳里待一会儿，直到愤怒或焦虑消失。然后，我再从自己的龟壳里出来，并且努力避免怒吼，平静地说出让自己烦恼的事情或想要的东西。"于是小乌龟再次欢快地踏上了回家的路。现在她有了解决问题的办法。

　　第二天早上来到学校，小乌龟立刻尝试了巨龟的建议。当小乌龟邻座的乌龟不小心把她的书从桌子上扔下去时，小乌龟立刻生气了，脏话已经挂在了嘴边，但她想起了巨龟的忠告，于是她钻进了自己的龟壳里，直到愤怒几近平定。当小乌龟从壳里出来的时候，她发现老师正笑眯眯地站在她面前，表扬她没有立刻大喊大叫。这让小乌龟感到非常高兴和自豪；之后，她更加频繁地成功尝试这个方法。

听完这个故事后,孩子们就能在做运动游戏时想象自己像那只小乌龟一样,生气时就缩进自己的"龟壳"里待一会儿。孩子们自己决定什么时候离开"龟壳"。当他们觉得愤怒平定时,就应该离开"龟壳"了——就像小乌龟一样。运动游戏中其余部分的指令与前两周的一样:我像乌龟一样在房间里缓慢而安静地移动。第三周时,孩子们的任务是在他们感到不安、愤怒或焦虑时缩到他们想象的"龟壳"中。当他们再次从想象的"龟壳"中出来时,也就是说,在他们变得平静之后,再允许他们做出反应。教育工作者要称赞孩子们很好地模仿了乌龟的从容、缓慢且安静的动作,并在适当的时候缩进了"龟壳"里;还要鼓励孩子们指出并赞扬彼此的冷静和审慎的行为。

乌龟幻想法以每天一次的频率进行四到六周后,就会出现饱和效应。在此之前,可以改变故事中动物的主题,和孩子们一起找到一种类似的合适的动物,例如刺猬、蜗牛或猫,让他们模仿这种动物的动作。也可以逐步淡化乌龟幻想法的使用。具体做法如下:在第一周,每隔一天进行一次运动游戏,共三次;在接下来的一周里,进行两次运动游戏;在淡出阶段的第三周和第四周,分别进行一次运动游戏;从第五周开始,不再进行运动游戏。然而,孩子们的任务仍然是在生气和焦虑的时候缩回到他们想象的"龟壳"中,直到他们能够冷静地或勇敢地做出反应。教育工作者可以在日常生活中通过指令提醒孩子们,同时对他们进行行为指导,以此帮助他们。这样的指令可以是:

聪明乌龟,及时回归!

一则小小的押韵短诗会让孩子们觉得很有意思,能帮助他们很好地记住:

烦恼不消退,
想想小乌龟!

或者说:

停止胡闹,

一步一步，

如龟踱步，

回到壳里！

当孩子们遇到困难或冲突时，教育工作者就会给出指令或者押韵短诗。通过这种方式帮助孩子们处理情绪问题，随后孩子们便能做出适当的行为。

一 渐进式肌肉放松法（青少年版本）一

渐进式肌肉放松法是一种特别适合青少年的放松方法。比起儿童，青少年在接受放松方法、做出积极评价，以及坚定地进行放松练习等方面是更困难的。这是由于放松练习和青少年的<u>自我形象</u>有时是<u>相矛盾的</u>。放松与青少年自我形象的矛盾尤其体现在处于青少年时期的男性身上。一方面，他们希望自己比别人厉害、看起来很酷，并会通过体力或健美的外表来定义自己。另一方面，他们将放松与软弱、无助、自卑和屈服联系在一起。还有一些青少年虽然对放松方法反应积极，但是他们有时会将放松当作一种逃避和回避的仪式，用来避开日常生活中的问题。这意味着，他们只想创造一种美好的感觉，却不想利用这种心理的平衡来积极地解决问题或改变行为。关于青少年必须考虑的第三点是：和儿童相比，青少年拥有明显**更强的自我意识**。正因为如此，他们更容易感到羞耻。这一点在对**青少年群体**进行放松练习时必须着重考虑。由于青少年的自我意识和羞耻感很强，因此以坐姿还是躺姿进行放松练习也会对放松的效果产生影响。许多青少年会觉得坐着更舒服。如果青少年拒绝参加放松练习，这可能与群体的情况或身体的姿势有关（参见 Petermann & Petermann，2017）。

在对青少年使用放松方法时，必须特别注意他们的年龄、性别、参照群体、个人发展水平，以及放松是以个人还是群体接触的方式进行的。年龄较大的青少年、处于青少年时期的女性和身体形象允许的人更有可能产生参与放松练习的意愿。一个有着多种严重的行为问题和学习问题的青少年很有可能会拒绝放松练习。青少年的参照群体包括生活在寄宿照料机构、教养机构、大型医疗机构或属于青少年帮派的青少年群体，这些参照群体也会成为放松练习的障碍。参照群体对塑造青少年的自我形象起到决定性的作用,而上述的参照群体往往赋予自己一种似乎与放松背道而驰的充满力量的形象(参见 Petermann & Petermann,2017)。

如果一个青少年有过创伤性经历,例如身体、性或心理暴力,那么放松方法可能是禁忌,因为创伤事件可能会重现。一方面,如果实施者有这方面的怀疑,需要事先澄清,另一方面,实施者必须有高度敏感性,以避免青少年再次受到创伤。

如果青少年和指导放松过程的成年人之间存在信任关系,并且青少年群体中没有根本的冲突和反感情绪,那么实施放松程序是很有可能实现的。渐进式肌肉放松法特别适合这种情况。这是由于渐进式肌肉放松法

➡ 是一种与身体相关的放松方法,

➡ 是一种积极主动的放松方法,

➡ 而不是一种通过语言引导放松的暗示性方法。

渐进式肌肉放松法的**原理**是,通过有针对性地绷紧单个肌肉群,坚持几秒后再放松,以产生相关肌肉的对比效应。根据雅

各布森的说法，通过使用渐进式肌肉放松法对肌肉进行绷紧和放松，青少年能够识别出身体任何部位的紧张的肌肉，并放松这些紧张的肌肉（参见 Jacobson，1990）。根据雅各布森的说法，肌肉的张力消失意味着该肌肉群正在放松。除了提到的这些优点外，渐进式肌肉放松法对于青少年来说还有其他的优点：这是一种容易学习的放松方法，由于对比效应，青少年很快就能体验到放松的效果，尤其是手臂和腿部会出现沉重感和温暖感。

通过对放松方法及其目标进行**具体描述**和**解释**，可以减少青少年对放松方法的不确定性，并建立起放松练习的**动力**。渐进式肌肉放松法是一项需要学习和练习的技能，就像骑自行车或游泳一样。经常使用渐进式肌肉放松法，能给青少年带来**很多好处**，例如他们会感觉自己变得更好，课堂测试前不再那么烦躁，放松后可以更好地集中注意力，身体也变得更加健康。对于青少年而言，渐进式肌肉放松法的简短形式就足够了。放松练习只针对有限的一些肌肉群和身体部位。整个放松过程持续 15—20 分钟。对于青少年来说，放松练习能够很好地进行，例如在体育活动结束后，在这种情况下，他们很容易接受放松练习。

渐进式肌肉放松法的简短形式由七个步骤组成，涵盖身体的七个区域（参见 Petermann & Petermann，2017）。下面的方框中概述了放松过程中的这七个步骤。关于绷紧和放松身体各个区域的肌肉群的详细指南和说明会在表 10 后进行解释。

表 10　渐进式肌肉放松法的简短形式的七个步骤

1.绷紧身体优势侧（通常是右侧）的手、前臂和上臂：将手臂伸向前方，然后肘部弯曲 45 度，握拳并紧紧攥住。

2.身体的另一侧，即非优势侧（通常是左侧）重复相同的动作。

3.绷紧眼部区域：

　　a) 扬起眉毛，挤出抬头纹。

　　b) 将眉毛皱在一起，在鼻子上方挤出川字纹。

4.绷紧肩膀：

　　a) 肩膀向后拉，使两侧肩胛骨在背部接触。

　　b) 肩膀向上抬，将脖子缩起来直到肩膀几乎碰到耳垂。

在上述两种练习的过程中，将肩膀向后拉或向上抬时深呼吸，然后在保持肌肉紧张时屏住呼吸几秒钟。

5.绷紧躯干：

　　a) 吸腹以绷紧腹部肌肉。此时，继续呼吸会产生干扰，因此，在吸腹时深吸一口气，在肌肉紧张的时候屏住呼吸。

　　b) 脊柱和背部向前顶。

6.绷紧身体优势侧（通常为右侧）的大腿、小腿和脚：腿伸直，大腿稍微从座位上抬起一点儿。脚趾伸展，脚稍微向内转动，即转向另一条腿。另外，也可以将腿伸直，将脚勾起来，而不要绷直脚背。

7.身体的另一侧，即非优势侧（通常是左侧）重复相同的动作。

青少年的放松练习总是坐着进行的。他们应该采取"实施要求"一节中提到的坐姿并闭上眼睛。肌肉群一个接着一个被绷紧再放松。如果将第三、四、五步中的 a) 和 b) 单独计算，则共有十个放松步骤，因此有十个肌肉群被绷紧和放松。每次绷紧和放松肌肉群都必须立即重复。顺序参见表 10。

有一点很重要，在与青少年一起开始练习之前，双方要商定一个开始绷紧肌肉的信号。通常他们会使用"现在"一词。操作流程如下：先对单个肌肉群的放松练习进行简单描述，然后青少年在口头信号发出后开始练习。在进行手臂练习的情况下需要注意，青少年在指导过程中要抬起手臂，弯曲手肘，手握成拳；然而，只有在信号发出后才需要紧握拳头，紧绷手臂和肩膀上的肌肉。**紧张阶段持续 5—7 秒**，在此过程中，要指导青少年将注意力集中在身体相应部分的紧张感上：注意肌肉是如何拉伸的，肌肉多么结实和紧张，肌肉的紧张感是怎样形成的！

另外，还需要商定一个放松肌肉群的信号，例如"现在放松"，即让绷紧了肌肉的身体部位恢复到原来的状态，如手臂放回到大腿上、肩膀放下来或眉毛落下来、腿或脚落到地板上。很重要的一点是，要快速地、彻底地放松肌肉，而不是缓慢地、逐步地放松。放松阶段持续 30—40 秒，在此期间，要指导青少年将注意力集中在先前紧绷的肌肉上，感受相应部位出现的身体反应。青少年应该注意肌肉群的对比效应。指令帮助青少年专注于身体部位发生的放松反应：将注意力集中到此刻你的肌肉的感觉。注意紧张和放松时的区别。专注于紧张和放松之间的对比！这几句指令旨在让青少年将感知集中在身体的放松过程上。暗示性的表述在这里是不合适的，必须要避免使用，例如"你的肌肉完全放松了，感受臂弯里的温暖"（参见 Petermann & Petermann，2017）。

以下指令可以作为练习绷紧肌肉的联想性辅助：

➡ **手臂练习**：想象你正在挤一块湿海绵。

➡ **额头练习**：皱起眉头，好像在认真思考某事；舒展额头，就像你想起了什么似的。

➡ **眼部练习**：把眉毛挤在一起，就像你试图看起来很生气想要吓到别人一样。

➡ **肩部练习（向上抬起）**：像耸肩一样抬起肩膀，就像在说："我不知道！"

➡ **躯干练习**：像要穿上特别紧的裤子一样，为了拉上拉链而深呼吸、吸肚子。

➡ **腿部练习**：将你的腿和脚趾朝远离身体的方向伸去，就像你想够到前面地板上的东西，并把它带到面前。

在反复紧绷一个肌肉群后，**不要再移动**相应的身体部位，否则又会发生物理激活，放松过程就会中断。让成人进行示范并参与其中，青少年能够更好地理解和接受这些练习。这样一来，青少年就不会有被人观察的感觉，还会出现反应促进效应，这会对他们的表现产生有利的影响。初次练习时，最好不要让青少年做完所有的步骤。最初可以重复练习其中的两到三个步骤，然后在第二次和第三次练习时逐渐增加其余的步骤。

在每次放松练习结束时，必须让青少年正确地回归（参见"标准方法概述"一节）。此时，可对青少年发出以下指令：

1. 伸展你的手臂和腿!

2. 出声地深呼吸三下!

3. 再次睁开眼睛!

青少年应保持坐姿几分钟,直到血液循环充分恢复。

放松不充分的情况可以通过以下情形来识别:青少年在椅子上不安地来回晃动或在放松后仍会移动手脚,没有出现平稳均匀的呼吸,放松过程中睁开眼睛,闭上眼睛后眼球来回转动,皱眉,仍会发生吞咽反射,发出笑声。下文对如何处理青少年进行放松时可能出现的各种困难进行了介绍(参见 Petermann & Petermann,2017,第 322 页):

培训师不应坚持要求青少年摘下手表、眼镜等,也不应要求青少年松开系得太紧的皮带。但他必须指出,眼镜会妨碍眼部练习。

在放松练习中应尽可能忽略不必要的和不需要的动作、笑声和说话声。培训师必须平静而坚定地发出指令。练习结束后他可以向青少年询问出现这些行为的原因。他也可以等到第二次练习，看看这种行为是否还会出现。重要的是他要再次向青少年指出紧张和放松之间的相互作用。要向青少年解释为什么要专注于这种对比效应，以及为什么在放松肌肉群后就不要再移动相应的身体部位了。

另外，放松练习不应使青少年睡着。如果培训师发现青少年有睡着的倾向，那么他应该把嗓门稍微提高一点儿，说话声音大一点儿，但不能吓到青少年。讲话过程中的停顿应保持在6秒以内。

想象性放松方法

对于任何放松方法来说，重要的是放松者可以毫不费力地完成，而不需要付出很多努力来集中注意力。这一要求尤其适用于儿童，特别是年龄较小（不到十岁）或有学习障碍的儿童。使用合适的图像和故事的想象性放松方法特别能激发放松反应。精心设计的想象性方法旨在达到特定的心理效果，例如带来放松的体验。这种图像化的想象可以通过仅存在于想象中的事物或事件来触发心理状态和身体反应。其特殊之处在于，事物或事件不一定要存在于现实中才能引起主观体验。体验状态，例如看到、听到、闻到、尝到、感觉到什么，甚至各种放松效果，例如感觉到内心平静、感觉到身体温暖、注意到呼吸缓慢而均匀，这些都可以完全通过想象的力量来唤起（参见 Petermann，Kusch & Ulrich，2020）。

想象性方法经常与其他放松方法相结合,例如与认知方法相结合;尼摩船长的故事就是这样的,它将自体训练法的一些指令融入想象性方法中。此外,儿童行为疗法中的认知技术也被植入尼摩船长的故事中,即行为控制的自我指导(参见 Petermann, F., 2019)。下文将介绍一些想象性放松方法的示例(参见 Petermann, U., 2021)。

— 尼摩船长的故事 —

尼摩船长的故事是一个结合认知放松元素的想象性放松方法。在这种组合方法中,必须要建立起放松指令和想象画面两者之间的联系。想象和认知放松指令的结合似乎优于单独使用两者中的任何一种。在尼摩船长的故事中,要精确地协调对经历的描述与放松指令。这一点非常重要,因为它能让儿童快速理解放松的过程,并体验到沉重感和温暖感。只有在这种情况下,儿童才能毫不费力地放松,而不必集中注意力。

尼摩船长的故事包括十四个水下故事,故事的主角是尼摩船长和接受他邀请的孩子们(参见 Petermann, U., 2021)。孩子们会与尼摩船长一起乘坐他的"鹦鹉螺"号潜艇进行一次漫长的水下旅行。水下游览是这次旅程中的特别活动,孩子们必须为此做好准备工作才能离开"鹦鹉螺"号潜艇。根据这个故事结构,每个水下故事由所谓的**准备画面**和**体验画面**构成。在每个水下故事的开头,必须以相同的方式展示准备画面。这个阶段的核心事件是逐步穿上潜水服,让孩子们的身体一部分接着一部分变得平静。当孩子们准备好了,他们会与尼摩船长一起从"鹦鹉螺"号的舱口滑入水中。随后出现的是体验画面,其主题在每个故事中都各不相同。体验画面具有镇静作用,可以提升放松的效果。同时,由于动机的变化,体验画面会产生激励价值,因此,在一定时间后自然产生的饱和效应可以持续很长时间。由此,孩子们能在很长一段时间内都有动力参与尼摩船长的故事。

尼摩船长的故事的**核心主题**是由尼摩船长的形象、潜水服、"鹦鹉螺"号潜艇和水下游览活动组成的。这些主题非常重要,因为它们可以减少孩子们的不安全感和恐惧,并在练习中引导孩子们。

水下主题是经过精心设计的,这是为了在想象中利用水对身体的特定影响。浮在水面上或潜入水下时，身体会失重。水下难以发出声音，并且声音的传播会被抑制。这一点对于具有攻击性、易冲动和注意力不集中的儿童来说很重要，因为他们不能在水中大声喊叫、咆哮和说话。他们也不能在水中突然或非常迅速地移动；相反，他们能在水中随意游动，几乎没有重量。色彩的体验在水下是很强烈的，故事中会对相应的场景进行描述。

水下主题和改变的身体感觉与儿童的日常体验相关。通常，如果儿童有过游泳或泡澡的经历，则会对放松产生积极的影响。通过这些经历，儿童更容易理解想象中的沉重感和温暖感（参见Petermann & Petermann，2012）。

自体训练法的前两个基础练习的指令被系统性地整合到了各个故事中，即手臂和腿部的**沉重感练习**和**温暖感练习**。这些认知放松指导旨在完善已经由想象引发的放松过程，并让儿童清楚地认识到身体感觉的变化。自体训练法的指令并非一次性地全部集中于第一个故事，而是分布在四个故事中的合适的位置。这意味着，在第一个故事中只加入了手臂的沉重感练习，在第二个故事中加入了腿部的沉重感练习，以此类推。因此，至少需要四个故事才能完成自体训练法的两项基础练习（参见第145页方框）。

此外，放松指令可以作为意图公式包含在放松过程中。针对儿童，特意选择了一个专门为尼摩船长的故事量身定制的公式，称为尼摩船长的口令（参见第146页方框）。对特别焦虑的孩子说的是："**勇敢一点，一切都会好起来的！**"对容易冲动和具有攻击性的孩子说的是："**冷静下来，一切都会好起来的！**"尼摩船长的口令也不是在第一个故事中就要立即使用，从第四个或第五个故事开始使用即可，而且要配合水下故事的情节。这意味着孩子们是在想象中积极地体验放松的。这就是尼摩船长的口令这类作为反应命题的行为指令的目的（参见"放松过程的解释方法"一节）。

正如"放松的类型"一节中提到的，带有反应命题的想象表现出比刺激命题更好的效果。在反应命题中，儿童不仅仅被要求去准确地想象故事；相反，他们本身就是故事情境中的角色。在刺激命题下，儿童只是被动地听故事，而不是想象性地参与故事中发生的事情。儿童对想象中的反应命题做出生理上的伴随性反应，并且随着练习次数的增加会出现更多的效果。也就是说，儿童能够以更加差异化的方式建立起自己的想象，并构建自己的认知。

儿童的自我报告显示，他们在反应命题下产生了比在刺激命题下更生动的想象。这种有效性似乎是由于通过反应命题建立了语言、行为和生理反应的对应关系（参见 Hermecz & Melamed，1984）。

在尼摩船长的故事中，体验画面的部分不应包含任何可能引起焦虑或过于戏剧化的描述。一般来说，水下世界被描述为一个明亮的、阳光普照的、温暖的而且没有鲨鱼等危险的野生动物的地方。

在第一次讲述尼摩船长的故事之前，必须谨慎地帮助儿童**做好准备**。儿童必须能够想象出潜艇、潜水服和水下世界，以此为基础，孩子们的想象会由特定的信息进行引导。对许多孩子来说，如果他们能从儿童书籍或互联网上看到合适的图片，并画出他们想象中的水下世界，会是很有帮助的方法。对潜水服的描述应为完全包裹并保护身体，但不会过紧。此外，在准备过程中，要确保儿童不会将故事中的潜艇和狭窄的战争潜艇联系起来，而是要让他们知道尼摩船长拥有的是可以装下七个教室的巧夺天工的潜艇。孩子们可以用背上的氧气装置轻松地呼吸，这一事实能让孩子们明白，他们不需要知道如何游泳就可以和尼摩船长一起进行水下游览。对于许多孩子来说，尼摩船长对水下世界了如指掌，因此，有能力带着孩子们安全地参观水下世界也是非常重要的。

如果在准备过程中发现有的孩子非常害怕水（例如由于有过负面经历），那么在家庭和教学环境中，可以不讲水下故事，而是采用其他适合这个孩子的休息仪式。

在讲完一个水下故事后，与孩子们简要地谈论这个故事、他们的身体感觉和他们的想象。通过交谈可以检查儿童是否自主产生了想象、是否出现了会引发焦虑的联想、是否出现了与放松不相容的幻想，以及儿童是如何体验放松的。孩子们还会被问及对沉重和温暖的感知。

就其故事结构和"退出方式"而言，尼摩船长的故事可以用于提高注意力或促进入睡。这十四个故事出自乌尔里克·彼得曼的一部著作（出版于2021年），并配有两张光盘（参见Petermann，U.，2007）。第一张光盘包括可以改善休息和提高专注力的六个故事，可以在写作业之前听。在第二张光盘中有八个故事，可以在晚间听，用于帮助入睡。不要给孩子们一次念多个故事，一次只念一个故事即可。故事可以由大人亲自讲给孩子听，也可以由大人和孩子一起从录音中听。在朗读尼摩船长的故事时，最好按照书中的顺序，因为这些故事之间是相互关联的（参见 Petermann，U.，2021）。重复朗读尼摩船长的十四个水下故事时，顺序可以有所不同，例如儿童对尼摩船长的其中一个水下游览活动特别感兴趣。

最后，在哥廷根霍格菲出版社（Hogrefe Verlag）的许可下，此处将以三个水下故事为例：

➡ 珊瑚森林

➡ 藏宝图

➡ 寻宝

"珊瑚森林"是尼摩船长的十四个水下故事中的第一个（参见 Petermann，U.，2021）。作为第一个故事，其中只包含手臂的沉重感练习（参见第 128 页）。另外两个水下故事以"藏宝图"和"寻宝"为主题，能够很好地说明尼摩船长的故事的延续性特征。自体训练法的两个基础练习，即沉重感练习和温暖感练习，充分融入并整合到故事中合适的位置。

方框 2　尼摩船长的故事之"珊瑚森林"

（参见 Petermann，U.，2021，第 43 页）

准备画面

想象一下，尼摩船长邀请你去他的"鹦鹉螺"号潜艇。你们将一起穿越世界上的每一片海洋，在水下看到许多美丽的东西。而最好的时光总是尼摩船长带你进行水下游览的时候。

为此，你会穿上特殊的潜水服。这套潜水服会对你产生特殊的影响。一穿上它，你就会注意到自己能完全平静下来。

首先，你将一条腿穿进潜水服。你将注意力放到这个动作上并对自己说："我的一条腿非常平静。"然后，将另一条腿也穿进来。这条腿也变得很平静。你对自己说："我的另一条腿非常平静。"你将潜水服拉到臀部和背部。然后，你把一只手臂塞进潜水服里，你对自己说："我的一只手臂非常平静。"你把另一只手臂穿进去，这只手臂也完全平静下来。你对自己说："我的另一只手臂非常平静。"你将帽子拉到头上并拉上身前的拉链。现在，潜水服将你完全包裹起来并保护着你。穿着宽大舒适的潜水服，你感觉非常舒服、安全并且十分平静。

最后，你穿上脚蹼，戴上潜水镜，由尼摩船长帮你把氧气罐放在背上。按照尼摩船长演示的那样，你将咬嘴放在嘴里，现在你已经准备好与尼摩船长一起进行水下游览了。

体验画面

你跟着尼摩船长从"鹦鹉螺"号的舱口滑入水中。你轻轻地落在海底的白色细沙上。今天，尼摩船长会带你参观一片珊瑚森林。他将带领你穿越孕育着许多奇妙动物的海底世界。海水明亮、温暖，四处都是阳光；石头和鱼儿有着鲜艳的色彩。鱼儿平静地从你的身边游过，十分安全。你也感到非常平静和安全，因为你穿着防护潜水服，它完全地包裹着你。

就这样,你与尼摩船长一起在水中游动。突然,你看到远处发出了各种颜色的光芒。你们向着这个方向游去。一片明亮的小森林出现在你的面前。一些树木长着白色和橙色的树枝,但是光秃秃的树枝上没有叶子。其他树木闪烁着红色和紫色的光芒。在树枝之间,你看到红色的花朵在水中游曳。顺着水波,它们的花萼一次又一次地张开、闭合。尼摩船长在水下游览前告诉过你,珊瑚森林里的植物有着美丽名字:睡莲、草莓玫瑰、海百合、海葵。

你越靠近它们,就越会觉得这些花朵仿佛是活着的。它们的枝条在水中缓慢地摆动,似乎非常沉重。接着,你注意到你的手臂在水中也以一种特殊的方式变得沉重。你对自己说:"我的一只手臂在水中以一种特殊的方式变得沉重!我的一只手臂以一种特殊的方式变得沉重!"你看着珊瑚森林的花朵和树木,它们来回摇摆,仿佛背着很重的担子。你注意到自己的另一只手臂也变得特别沉重,你对自己说:"我的另一只手臂在水中以一种特殊的方式变得沉重!我的另一只手臂以一种特殊的方式变得沉重!"

现在你已经游到离一些珊瑚很近的地方了,你小心翼翼地触摸花朵。尼摩船长告诉过你哪些是可以触摸的。你的指尖有一种美好的感觉,就好像有人轻轻地、充满爱意地抚摸着你。跟在尼摩船长身后,你平静而安全地游到了下一个珊瑚丘。这时,你再次感受到水的特殊作用。你对自己说:"我的双臂在水中以一种特殊的方式变得沉重!我的双臂都以一种特殊的方式变得沉重!"

尼摩船长示意你们该游回"鹦鹉螺"号潜艇了。你们离开了珊瑚森林。告别时,你最后看了一眼周围的花朵和树木。你觉得花朵在向你挥手告别。你又对自己说:"我很平静,我的双臂在水中以一种特殊的方式变得沉重!我很平静,我的双臂以一种特殊的方式变得沉重!"当你看到珊瑚森林的花朵和树木时,就会自动想到这一点。穿过明亮又温暖的海水,你向着"鹦鹉螺"号潜艇游去。有几条来自珊瑚森林的鱼儿陪伴你游了一段,让你很高兴。接着,潜艇出现在你们面前。你平静而安全地游向它,同时有一种舒服的沉重感。到达了"鹦鹉螺"号后,你爬进舱口进入了潜艇。

方框 3　尼摩船长的故事之"藏宝图"
（参见 Petermann，U.，2021，第 61 页）

准备画面

想象一下，尼摩船长邀请你去他的"鹦鹉螺"号潜艇。你们将一起穿越世界上的每一片海洋，在水下看到许多美丽的东西。而最好的时光总是尼摩船长带你进行水下游览的时候。

为此，你会穿上特殊的潜水服。这套潜水服会对你产生特殊的影响。一穿上它，你就会注意到自己能完全平静下来。

首先，你将一条腿穿进潜水服。你将注意力放到这个动作上并对自己说："我的一条腿非常平静。"然后，将另一条腿也穿进来。这条腿也变得很平静。你对自己说："我的另一条腿非常平静。"你将潜水服拉到臀部和背部。然后，你把一只手臂塞进潜水服里，你对自己说："我的一只手臂非常平静。"你把另一只手臂穿进去，这只手臂也完全平静下来。你对自己说："我的另一只手臂非常平静。"你将帽子拉到头上并拉上身前的拉链。现在，潜水服将你完全包裹起来并保护着你。穿着宽大舒适的潜水服，你感觉非常舒服、安全并且十分平静。

最后，你穿上脚蹼，戴上潜水镜，由尼摩船长帮你把氧气罐放在背上。按照尼摩船长演示的那样，你将咬嘴放在嘴里，现在你已经准备好与尼摩船长一起进行水下游览了。

体验画面

你跟着尼摩船长从"鹦鹉螺"号的舱口滑入水中，轻轻地落在海底的白色细沙上。今天，尼摩船长想和你一起寻找藏宝图。你期待着，很想知道你们能否找到它。他将带领你安全地穿越海底世界，在那里，有许多奇妙的动植物可以观赏。一小群鱼儿再次陪伴着你们进行水下游览。鱼儿们在你们身边平静而安全地游来游去。

你完全被潜水服包裹并保护着,在尼摩船长身旁平静而安全地游动。你们到了一个地方,那里的沙子上有着又大又美的石头。在水下游览之前,尼摩船长告诉你,他怀疑藏宝图位于其中一块石头之下。现在,你们像鱼一样在一块块石头周围游动。你们开始一块一块地翻找,希望能尽快找到藏宝图。你在明亮又温暖的水中来回游动,接着,游向一块长满青苔的深绿色石头。你把它捡起来,但不幸的是,石头下什么都没有。你又游向一块闪着紫光的石头。它比之前的那块更大更重一些,但你还是很轻松地翻转了这块石头。下面还是什么都没有。

你看了看尼摩船长,他也什么都没有找到。你希望自己会是那个找到藏宝图的人。你快速地游向下一块石头。这块石头闪着金色的光芒,表面有许许多多小水晶,反射出一道道光线,看起来就像是用金子做的一样。这块石头下面会有藏宝图吗?你把它转过来,但你还是没能找到藏宝图。你坐在这块金色的石头上,因为你觉得你的手臂和腿部在辛苦的活动后以一种特殊的方式产生了舒服的沉重感。你对自己说:"我的一只手臂在水中以一种特殊的方式变得沉重!我的一只手臂以一种特殊的方式变得沉重!"你也注意到了水对你另一只手臂的影响,你对自己说:"我的另一只手臂在水中以一种特殊的方式变得沉重!我的一只手臂以一种特殊的方式变得沉重!"你坐在石头上看着尼摩船长,他也什么都没有找到。现在,你也注意到你的腿特别沉重,你对自己说:"我的一条腿在水中以一种特殊的方式变得沉重!我的一条腿以一种特殊的方式变得沉重!"与此同时,你也注意到你的另一条腿,你对自己说:"我的另一条腿在水中以一种特殊的方式变得沉重!我的另一条腿以一种特殊的方式变得沉重!"

带着手臂和腿部舒服的沉重感,你起身平静而安全地游向下一块石头。你不会放弃寻找,尼摩船长的口令会帮助你:"勇敢一点,一切都会好起来的!"这时,出现了一块闪烁着红红绿绿鲜艳色彩的石头。这两种颜色在这块石头上形成了一种图案,不同于以往你在石头上看过的任何图案。你把这块石头翻转过来,发现下面有东西。你用手拨开一层薄沙,真的有什么东西出现了。它闪烁着明亮的光芒,几乎是白色的。你很兴奋,期待这就是藏宝图。但这只是藏在石头下的一只美丽的大贝壳。你把它拿在手里,从各个角度仔细地端详它。贝壳紧紧地闭合,不向你透露任何隐藏在里面的秘密。你把贝壳放回沙坑里。

你游向下一堆石头。你的手臂和腿部也因为活动而感到温暖和舒适。你对自己说:"我的一只手臂很暖和!我的一只手臂很暖和!"在另一只手臂上你也注意到了这种温暖感,你对自己说:"我的另一只手臂很暖和!我的另一只手臂很暖和!"当你翻动下一块石头并从一块石头游到另一块石头时,你还会注意到一条腿的温暖感,你对自己说:"我的一条腿很暖和!我的一条腿很暖和!"你注意到另一条腿也是一样的,你对自己说:"我的另一条腿很暖和!我的另一条腿很暖和!"

现在,你游向最后一堆石头,其中有一块带着白色斑点的黑色的石头。它在众多五颜六色的石头中显得很不起眼。你决定把这块石头翻转过来。当你举起这块石头时,你会再次感觉到你的手臂和腿部是那么沉重:"我的手臂和腿部在水中以一种特殊的方式变得沉重!我的手臂和腿部以一种特殊的方式变得沉重!"当你把石头抬到一边时,你发现沙子底下有一些褐色的东西在发光。你想这一定是白沙下的另一块石头,你已经想放弃了。

但是尼摩船长的话又在你的耳边响起,你对自己说:"勇敢一点,一切都会好起来的!"所以,你用手轻轻地将沙子扒开,一块近乎圆形的深褐色皮革露出来了。你把这块海底的皮革捡起来拿在手上,对它感到十分好奇。你把它翻过来,皮革的另一面刻着线条、圆圈、圆点、正方形和一个十字形图案。这些图案可能是被烙印在皮革上的。突然,你灵光一闪,想到这一定是藏宝图。你兴奋地向尼摩船长挥手,并向着他游去。他也朝你游来,仔细检查那块皮革后,他很高兴。这时你明白了,你找到的就是藏宝图。你平静而满足地坐在一块石头上。

你对自己说:"我的手臂和腿部在水里以一种特殊的方式变得沉重!我的手臂和腿部以一种特殊的方式变得沉重!"一股令人愉悦的温暖感也流入你的身体,你对自己说:"我的手臂和腿部很暖和!我的手臂和腿部很暖和。"

尼摩船长把地图还给你,让你把它插在腰带上。在这次水下游览中,没有时间去寻找宝藏。你必须要回到"鹦鹉螺"号潜艇了。但你确信,你们会在下一次水下游览时寻找宝藏,于是你平静而安全地向"鹦鹉螺"号潜艇游去。你感到十分高兴和满足,因为你找到了藏宝图。到达了"鹦鹉螺"号,你爬进舱口进入了潜艇。

方框 4 尼摩船长的故事之"寻宝"

（参见 Petermann，U.，2021，第 67 页）

准备画面

想象一下，尼摩船长邀请你去他的"鹦鹉螺"号潜艇。你们将一起穿越世界上的每一片海洋，在水下看到许多美丽的东西。而最好的时光总是尼摩船长带你进行水下游览的时候。

为此，你会穿上特殊的潜水服。这套潜水服会对你产生特殊的影响。一穿上它，你就会注意到自己能完全平静下来。

首先，你将一条腿穿进潜水服。你将注意力放到这个动作上并对自己说："我的一条腿非常平静。"然后，将另一条腿也穿进来。这条腿也变得很平静。你对自己说："我的另一条腿非常平静。"你将潜水服拉到臀部和背部。然后，你把一只手臂塞进潜水服里，你对自己说："我的一只手臂非常平静。"你把另一只手臂穿进去，这只手臂也完全平静下来。你对自己说："我的另一只手臂非常平静。"你将帽子拉到头上并拉上身前的拉链。现在，潜水服将你完全包裹起来并保护着你。穿着宽大舒适的潜水服，你感觉非常舒服、安全并且十分平静。

最后，你穿上脚蹼，戴上潜水镜，由尼摩船长帮你把氧气罐放在背上。按照尼摩船长演示的那样，你将咬嘴放在嘴里，现在你已经准备好与尼摩船长一起进行水下游览了。

体验画面

你跟着尼摩船长从"鹦鹉螺"号的舱口滑入明亮、清澈且温暖的水中，轻轻地降落在海底的白色细沙上。你与尼摩船长一起游过这片美妙的海域。今天的计划是寻宝，除了皮革藏宝图，你们俩各带着一把铲子。你游过五颜六色的闪闪发光的珊瑚穿过一个鱼群。你和尼摩船长一起被这群鱼儿包围着，你看到鱼儿在水中平静而安全地游动。你不介意在鱼群中游动，因为你穿着防护潜水服。你再次感受到水的特殊作用。你对自己说："我的一只手臂在水中以一种特殊的方式变得沉重！我的一只手臂以一种特别的方式变得沉重！"你的另一只手臂也有同样的感觉，你对自己说："我的另一只手臂在水中以一种特殊的方式变得沉重！我的另一只手臂以一种特殊的方式变得沉重！"

你们停顿片刻，再次仔细查看藏宝图。现在，你们已经到了一个岔路口。藏宝图标注着岔路口的右边是一座小山，而你们确实可以看到右边有一座小珊瑚山。根据藏宝图，你们要向左走。藏宝图上的线条可能意味着这里有很多水生植物。实际上，这里的海藻很多，这些长叶水生植物长得很高。当你们停下来研究藏宝图时，你注意到你的一条腿在水中感到很沉重。你对自己说："我的一条腿在水中以一种特殊的方式变得沉重！我的一条腿以一种特殊的方式变得沉重！"你也注意到另一条腿的沉重感，你对自己说："我的另一条腿在水中以一种特殊的方式变得沉重！我的另一条腿以一种特殊的方式变得沉重！"

你和尼摩船长继续游动，游过高高的海藻。这种感觉很好，因为海藻轻轻拂过你的身体。就这样，你们在海藻里游了一会儿。突然，尼摩船长指了指一株非常大的绿色水生植物，几只有趣的小海马在它周围翩翩起舞。你再次拿出藏宝图查看藏宝地点的标志。也许藏宝图上的标志正表示这种大型的水生植物。你们游向它，拿起铲子，在水生植物的右侧开始挖沙子。因为按照藏宝图，宝藏应该就藏在这里。挖了一会儿，你心想："这宝藏埋得可真深。辛苦的工作让我感到温暖。"你停下来准备休息一下。尼摩船长也是如此。

你把注意力放到一只手臂上,发现它很温暖。你对自己说:"我的一只手臂很暖和!我的一只手臂很暖和!"你的另一只手臂也很温暖,你对自己说:"我的另一只手臂很暖和!我的另一只手臂很温暖!"现在你专注于一条腿,发现它也很温暖。你对自己说:"我的一条腿很暖和!我的一条腿很暖和!"现在你感觉到另一条腿也很温暖,你对自己说:"我的另一条腿很暖和!我的另一条腿很暖和!"

在短暂的休息之后,你们又开始用铲子挖沙子,因为你不会轻易放弃。尼摩船长的口令在你的脑海中多次浮现出来,帮助你坚持下去:"勇敢一点,一切都会好起来的!"

经过一段时间的努力,你的铲子碰到了什么东西。你向尼摩船长示意,他向你靠近。你们用铲子敲到一个木箱。你们用更快的速度将箱子上的沙子铲到一边。你们将木箱从沙子里挖出来,希望这就是藏宝箱。你很兴奋,并在尼摩船长的帮助下打开了木箱。"这是什么宝藏?"你问自己。没有闪闪发光的宝石、金冠、戒指、手镯或项链,木箱里装着许多大大小小的贝壳。你先是非常失望,接着,你感到愤怒在心里升腾。既然生气是没有意义的,你得想想能做些什么来处理你心里的愤怒。你决定试试尼摩船长的口令:"冷静下来,一切都会好起来的!"当尼摩船长拿起贝壳小心翼翼地打开它们时,这句话慢慢地在你的脑海中反复盘旋。你看到他开始满足地笑。你游向他,看向贝壳。他告诉你,每个贝壳里都有一颗美丽的小珍珠。有些是纯象牙白色的,有些则略带粉红。"这就是宝藏。"你这样想着。这些美丽的小珍珠。你小心地把贝壳放回木箱里,盖上盖子。

你们一人抓住藏宝箱一侧的把手，向着"鹦鹉螺"号潜艇游去。在回去的路上，藏宝箱在你和尼摩船长中间，你意识到自己很满足，你的手臂和腿以一种特殊的方式产生舒适的沉重感。你对自己说："我的手臂和腿部在水里以一种特殊的方式变得沉重！我的手臂和腿部以一种特殊的方式变得沉重！"游了一会儿后，你们将箱子放下一会儿并换边。当你再次开始游动的时候，你又注意到手臂和腿部的温暖感，你对自己说："我的手臂和腿部很暖和！我的手臂和腿部很暖和。"

与此同时，你已安全回到"鹦鹉螺"号潜艇。你的手臂和腿部沉重而温暖，你平静而温暖地爬进舱口进入潜艇。尼摩船长将藏宝箱递给你，你把它放在潜艇里。然后，尼摩船长也进入"鹦鹉螺"号，和你一起坐下。想到今天发现的宝物，你们看着对方止不住微笑。

如果希望孩子们在听完故事后**不会睡着**，比如他们接着要去上课、集中精神安静地玩耍或是写作业，那么故事的结尾可以这样讲述：

> 现在，你要从一个美梦中醒来。先弯曲再伸直你的手臂和腿部。然后，深吸一口气，慢慢地呼出，再深吸一口气，慢慢地呼出。接下来，睁开你的眼睛。现在，慢慢地坐起来（参见 Petermann，U.，2021，第 65 页）。

最后，故事的朗读者或讲述者伸展身体，反复地吸气和呼气，发出声音。这种促进反应的作用对儿童来说是非常重要和必要的，这也能帮助儿童在尼摩船长的故事结束时不睡着。这是因为，当成功地放松并变得平静后，一些儿童，特别是当他们躺在地板上听故事时，往往会由仰卧变为侧卧，然后睡着。发出退出指令时，声音必须提高一些，听起来更有力量，因为从放松状态中退出来必须是彻底且完全的，从而使身体再次被激活。也就是说，必须避免生理层面的"残余放松"状态，因为这会导致嗜睡或头痛。因此，通过弯曲和伸展手臂和腿部，以及反复进行深呼吸来全面激活身体是非常重要的。

如果孩子在尼摩船长的故事结束后应该入睡，那么，故事须以不同的方式结束：

> 水下游览让你感到非常疲倦。尼摩船长帮你脱掉氧气罐、脚蹼、潜水服和潜水镜，然后他陪着你走到你的床铺边，你钻进被子里，立即进入安宁的睡眠，在梦里继续着水下游览（参见 Petermann, U., 2021, 第66页）。

如果水下故事是用来帮助儿童入睡的，那么在讲故事之前，儿童必须已经做好上床睡觉的准备，躺在床上并且能够立即入睡。这意味着在听故事前，儿童必须已经刷完了牙并且上完了厕所。

方框 5　尼摩船长的故事中的休息、沉重感和温暖感指令
（参见 Petermann & Petermann，2012，第 372 页）

尼摩船长和我

尼摩船长和_____

当我想象自己穿上潜水服时，我会觉得：

我很平静！

→ 我的一只手臂很重！→ 我的一条腿很重！

→ 我的另一只手臂也很重！→ 我的另一条腿也很重！

→ 我的一只手臂很暖和！→ 我的一条腿很温暖！

→ 我的另一只手臂也很暖和！→ 我的另一条腿也很暖和！

尼摩船长说：

勇敢一点，一切都会好起来的！

白天当我不想睡觉的时候，我不会忘记对自己说：

→ 伸展手臂和腿部！

→ 深深地呼吸！

→ 睁开眼睛！

方框 6　带有尼摩船长的口令的指令卡
（参见 Petermann & Petermann，2012，第 372 页）

冷静下来，
一切都会好起来的！

— 更多放松故事 —

近年来,市场上出现了许多儿童放松故事。它们往往或多或少使用非结构化的叙述,在生理放松过程方面缺乏系统的结构。本节将举出两个例子,其中一个针对放松仪式提出了非常不同的建议;另一个例子则展示了想象力和音乐相结合的可能性。

│例一│

放松故事"史特奇401"(Stecki 401)是由心理学家哈桑·雷费(Hassan Refay)开发的,共有十二集,能够以MP3格式从网上下载(参见第165页)。每集都是一个独立的故事,长度约为30分钟。这些故事是为五到十二岁的儿童准备的,旨在帮助孩子们更好地放松和集中注意力。每个故事都分为令人兴奋的娱乐性内容和放松性内容两部分。前者更像是冒险故事,与放松方法关系不大。故事的主题与一个名为"史特奇401"的男孩有关,这个男孩坐着他的飞船"皮帕奥"(PiPau)号降落在地球上。他来自遥远的"乌塔努斯"(Utanus)星球。他遇到了两个地球上的孩子,这两个孩子起初很害怕他,但在融入冒险故事的

自我指导的帮助下,他们克服了恐惧,并和史特奇 401 成为朋友。例如这种融入冒险故事的自我指导可以是:

"勇敢一点,一切都会好起来的!"或者是"一、二、三——我无所畏惧!"又或者是"我保持不动是因为我想这样做。"史特奇 401 是一个聪明的男孩,拥有计算机一般的大脑,因此他会说世界上所有的语言。此外,他还能隐身、飞行和潜水。然而,他缺乏一种能力,那就是像地球人一样去感知。因此,地球孩子的能力与史特奇 401 的能力可以互补,也就是说地球孩子可以帮助史特奇 401 像地球人一样去感知,而这个来自乌塔努斯星球的男孩则能以有趣的方式帮助孩子们解决他们日常生活中的问题。这十二个有声故事的主题如下:

➡ 史特奇 401 降落在地球上

➡ 史特奇 401 需要帮助

➡ 史特奇 401——紧急降落

➡ 史特奇 401——蒂姆需要帮助

➡ 史特奇 401 在学校

- 史特奇 401——秘密之旅
- 史特奇 401 在超市
- 史特奇 401 变成侦探
- 史特奇 401 在马戏团
- 史特奇 401 在医院
- 史特奇 401 在足球场
- 史特奇 401 与银行劫匪

每个故事结束后都有一个基于自体训练法的放松练习。放松练习部分包含一个梦境之旅，会对听故事的儿童发出指令。儿童要想象自己在太空中乘坐宇宙飞船旅行，感觉身体很轻、没有重量。梦境之旅中包含呼吸指令：平静地吸气、呼气，吸气、呼气，吸气、呼气。还有休息指令：你感到平静、安宁和放松！休息指令重复两次。接下来的指令是：你忘记了周围的一切。你感到平静而舒服。你静静地躺着，很放松。

梦境之旅旨在让孩子们在关键的日常情况下能够更好地放松和集中注意力，并学习应对这种情况。

| 例二 |

一些放松方法将音乐和想象力相结合，阿恩德·斯坦［Arnd Stein（o. J.）］提出的立体声深层暗示（参见第 166 页）就是一个例子。这是一种专为放松而创作的音乐，节奏为每分钟 60 拍。

在一系列的创作中，每段放松音乐长达 30 分钟。各种指令被融入这些放松音乐，形成了一系列令人愉悦的心理图像（想象）。例如有的描绘了在森林间散步时听到的鸟鸣，有的描绘了坐在噼啪作响的火炉旁感受到的温暖，有的则描绘了躺在沙滩上感受到的阳光照在身上的温暖和听到的海浪声。这些心理图像以 10 分钟为间隔，从而创造出更深层次的放松阶段。放松音乐分为四个连续的阶段：

➡ 放松开始

➡ 放松加深

➡ 深度暗示阶段

➡ 回到"此刻"和"此时"

阿恩德·斯坦为儿童开发了各种奇幻旅程故事和放松童话。这些故事以儿童为主角，长度大约为 30 分钟。叙述者舒缓的声音辅以空间音效，低声细语向孩子们发出积极的指令（指导性的话语、建议和鼓励）。每个故事都有一个特定的主题，例如放松和感觉舒服、克服恐惧、提高学习或集中注意力的意愿、增强自信。

"神秘的星球……提升学校表现的探索之旅"是针对六岁以上儿童的奇幻旅程故事。这些故事旨在促进孩子的镇定、专注、自信、学习意愿和毅力，并减少孩子对失败的恐惧。

"在魔法城堡里……准备睡觉和做梦"是适合三到十二岁儿童的放松童话。故事伴随着放松音乐，以静息脉搏的节奏（每分钟 60 次），引导孩子深度放松，并以一种刺激而又平静的方式引导孩子入睡。

参考文献

APA – American Psychiatric Association (2020). Diagnostisches und Statistisches Manual Psychischer Störungen – DSM-5. Deutsche Ausgabe herausgegeben von P. Falkei & H.-U. Wittchen, mitherausgegeben von M. Döpfner, W. Gaebel, W. Maier, W. Rief, H. Saß & M. Zaudig (2., korr. Aufl.). Göttingen: Hogrefe.

Ball, T. M., Shapiro, D. E., Monheim, C. J. & Weydert, J. A. (2003). A pilot study of the use of guided imagery for the treatment of recurrent abdominal pain in children. *Clinical Pediatrics*, *42*, 527–532.

Bernstein, D. A. & Borkovec, T. D. (2018). *Entspannungstraining. Handbuch der Progressiven Muskelentspannung nach Jacobsen* (14. Aufl.). Stuttgart: KlettCotta.

Birbaumer, N. & Schmidt, R. F. (2010). *Biologische Psychologie*

(7., überarb. u. erg. Aufl.). Heidelberg: Springer.

Bornmann, B. A., Mitelman, B. A. & Beer, D. A. (2007). Psychotherapeutic relaxation: How it relates to levels of aggression in a school within inpatient child psychiatry – A pilot study. *Arts in Psychotherapy, 34,* 216–222.

Büch, H., Döpfner, M. & Petermann, U. (2015a). *Soziale Ängste und Leistungsängste.* Göttingen: Hogrefe.

Büch, H., Döpfner, M. & Petermann, U. (2015b). *Ratgeber Soziale Ängste und Leistungsängste.* Informationen für Betroffene, Eltern, Lehrer und Erzieher. Göttingen: Hogrefe.

Dilling, H., Mombour, W. & Schmidt, M. H. (Hrsg.) (2015). *Internationale Klassifikation psychischer Störungen: ICD-10* (10., überarb. Aufl.). Bern: Hogrefe.

Dobson, R. L., Bray, M. A., Kehle, T. J., Theodore, L. A. & Peck, H. C. (2005). Relaxation and guided imagery as an intervention for children with asthma: A replication. *Psychology in the Schools, 42,* 707–720.

Dodge, K. A. (1993). Social-cognitive mechanisms in the development of conduct disorders and depression. *Annual Review of Psychology, 44*, 559–584.

Döpfner, M. & Banaschewski (2013). Aufmerksamkeitsdefizit-/Hyperaktivitätsstörungen (ADHS). In F. Petermann (Hrsg.), *Lehrbuch der Klinischen Kinderpsychologie* (7., überarb. u. erw. Aufl.; S. 271–290). Göttingen: Hogrefe.

DSM-5 (2015). *Diagnostisches und Statistisches Manual Psychischer Störungen.* Göttingen: Hogrefe.

Fichtner, O. & Petermann, U. (1998). Strukturierte Hausaufgabenbetreuung: Die Fuchsgruppe. In U. Petermann (Hrsg.), *Verhaltensgestörte Kinder. Didaktische und pädagogische Hilfen* (2., überarb. Aufl.; S. 87–115). Salzburg: Otto Müller.

Freimann, M. (1998). Ruherituale und Entspannungsverfahren im Unterricht. In U. Petermann (Hrsg.), *Verhaltensgestörte Kinder. Didaktische und pädagogische Hilfen* (2., überarb. Aufl.; S. 152–159). Salzburg: Otto Müller.

Frey, F. (1998). Rituale im Schulalltag zur Orientierung und Sicherheit für Lehrer und Schüler: Beispiel Schultagbeginn und Schülertagebuch. In U. Petermann (Hrsg.), *Verhaltensgestörte Kinder. Didaktische und pädagogische Hilfen* (2., überarb. Aufl.; S. 130–151). Salzburg: Otto Müller.

Goldbeck, L. & Schmid, K. (2003). Effectiveness of autogenic relaxation training on children and adolescents with behavioural and emotional problems. *Journal of the American Academy of Child and Adolescent Psychiatry, 42*, 1046–1052.

Hamm, A. (2020). Progressive Muskelentspannung. In F. Petermann (Hrsg.), *Entspannungsverfahren. Das Praxishandbuch* (6., überarb. Aufl.; S. 150–168). Weinheim: Beltz.

Hammond, D. C. (2005). Neurofeedback with anxiety and affective disorders. *Child and Adolescent Psychiatric Clinics of North America, 14*, 105–123.

Hermecz, D. A. & Melamed, B. G. (1984). The assessment of emotional imagery training in fearful children. *Behavior Therapy, 15*,

156–172.

Hirshberg, L. M. (2006). EEG biofeedback for adolescent depression. *Journal of Affective Disorders, 91*, 7.

Jacobs, C. & Petermann, F. (2013). *Training für Kinder mit Aufmerksamkeitsstörungen. Das neuropsychologische Gruppenprogramm ATTENTIONER* (3., akt. u. erg. Aufl.). Göttingen: Hogrefe.

Jacobson, E. (1990). *Entspannung als Therapie. Progressive Relaxation in Theorie und Praxis.* München: Pfeiffer.

Lazarus, A. A. (1989). *The practice of multimodal therapy.* Baltimore: John Hopkins University Press.

Lazarus, A. A. & Mayne, T. J. (1990). Relaxation: Some limitations, side effects and proposed solutions. *Psychotherapy, 27*, 261–266.

Li, L. & Yu-Feng, W. (2005). EEG biofeedback treatment on ADHD children with comorbidtic disorder. *Chinese Mental Health Journal, 19*, 262–265.

Linden, W. & Mussgay, L. (2020). Herz-Kreislauf-Erkrankungen.

In F. Petermann (Hrsg.), *Entspannungsverfahren. Das Praxishandbuch* (6., überarb. Aufl.; S. 230–242). Weinheim: Beltz.

Loeber, R. (1990). Development and risk factors of juvenile antisocial behavior and delinquency. *Clinical Psychology Review, 10*, 1–41.

Lopata, C. (2003). Progressive muscle relaxation and aggression among elementary students with emotional or biopsychosocial model? *Behavioral Disorders, 28*, 162–172.

Manzoni, G. M., Pagmini, F., Casetelnuovo, G. & Molinari, E. (2008). Relaxation therapy for anxiety: A ten years systematic review with meta-analysis. BMC Psychiatry 8, Art.-Nr. 41

Martin, A. & Rief, W. (2020). Somatoforme Störungen. In F. Petermann (Hrsg.), *Entspannungsverfahren. Das Praxishandbuch* (6., überarb. Aufl.; S. 315–327). Weinheim: Beltz.

Masters, K. S. (2006). Recurrent abdominal pain, medical intervention and biofeedback: What happened to the biopsychosocial model. *Applied Psychophysiology and Biofeedback, 31*, 155–165.

Nakaya, N., Kumano, H., Minoda, K., Koguchi, T. Tanouchi, K., Kanazawa, M. & Fukudo, S. (2004). Preliminary study: psychological effects of muscle relaxation on juvenile delinquents. *International Journal of Behaviorial Medicine, 11*, 176–180.

Nickel, C., Kettler, C., Muehlbacher, M., Lahmann, C., Tritt, K., Fartacek, R., Bachler, E., Rother, N., Egger, C., Rother, W. K., Loew, T. H. & Nickel, M. K. (2005). Effect of progressive muscle relaxation in adolescent female bronchial asthma patients: A randomized, double-blind controlled study. *Journal of Psychosomatic Research, 59*, 393–398.

Noeker, M. (2020). Funktioneller Bauchschmerz. In F. Petermann (Hrsg.), *Entspannungsverfahren. Das Praxishandbuch* (6., überarb. Aufl.; S. 399–418). Weinheim: Beltz.

Ohm, D. (2000). *Progressive Relaxation für Kinder*. Stuttgart: Thieme.

Olness, K. & Kohen, D. P. (2001). *Lehrbuch der Kinderhypnose und -hypnotheraphie*. Heidelberg: Auer.

Petermann, F. (1998). Verhaltensstörungen in der Schule. In U. Petermann (Hrsg.), *Verhaltensgestörte Kinder. Didaktische und pädagogische Hilfen* (2., überarb. Aufl.; S. 17–37). Salzburg: Otto Müller.

Petermann, F. (Hrsg.) (2013a). *Lehrbuch der Klinischen Kinderpsychologie* (7., überarb. u. erw. Aufl.). Göttingen: Hogrefe.

Petermann, F. (2013b). *Psychologie des Vertrauens* (4., überarb. Aufl.). Göttingen: Hogrefe.

Petermann, F. (Hrsg.) (2019). *Kinderverhaltenstherapie* (6., vollst. überarb. Aufl.). Göttingen: Hogrefe.

Petermann, F. (Hrsg.) (2020). *Entspannungsverfahren. Das Praxishandbuch* (6., überarb. Aufl.). Weinheim: Beltz.

Petermann, F., Koglin, U., Mareés, N. von & Petermann, U. (2019). *Verhaltenstraining in der Grundschule. Ein Programm zur Förderung emotionaler und sozialer Kompetenzen* (3., überarb. Aufl.). Göttingen: Hogrefe.

Petermann, F., Kusch, M. & Ulrich, F. (2020). Imagination. In F.

Petermann (Hrsg.), *Entspannungsverfahren. Das Praxishandbuch* (6., überarb. Aufl.; S. 122–138). Weinheim: Beltz.

Petermann, F., Natzke, H., Gerken, N. & Walter, H.-J. (2016). *Verhaltenstraining für Schulanfänger. Ein Programm zur Förderung emotionaler und sozialer Kompetenzen* (4., aktual. Aufl.). Göttingen: Hogrefe.

Petermann, F. & Petermann, U. (2012). *Training mit aggressiven Kindern* (13., überarb. Aufl.). Weinheim: Beltz.

Petermann, F. & Petermann, U. (2015). *Aggressionsdiagnostik* (2., vollst. überarb. Aufl.). Göttingen: Hogrefe.

Petermann, F. & Petermann, U. (2017). *Training mit Jugendlichen: Förderung von Arbeitsund Sozialverhalten* (10., vollst. überarb. Aufl.). Göttingen: Hogrefe.

Petermann, F. & Petermann, U. (2018). *Lernen. Grundlagen und Anwendungen* (2., überarb. Aufl.). Göttingen: Hogrefe.

Petermann, F., Petermann, U. & Nitkowski, D. (2016). *Emotionstraining in der Schule. Ein Programm zur Förderung der emotionalen Kompetenz.* Göttingen: Hogrefe.

Petermann, U. (Hrsg.) (1998). *Verhaltensgestörte Kinder. Didaktische und pädagogische Hilfen* (2., überarb. Aufl.). Salzburg: Otto Müller.

Petermann, U. (2007). *Die KapitänNemo-Geschichten. Teil 1 + 2. Hörgeschichten für Kinder* (CD). Essen: Elvikom.

Petermann, U. (2020). Angststörungen. In F. Petermann (Hrsg.), *Entspannungsverfahren. Das Praxishandbuch* (6., überarb. Aufl.; S. 375–384). Weinheim: Beltz.

Petermann, U. (2021). *Die Kapitän-Nemo-Geschichten. Geschichten gegen Angst und Stress* (21. Aufl.). Göttingen: Hogrefe.

Petermann, U. & Petermann, F. (2013). Störungen des Sozialverhaltens. In F. Petermann (Hrsg.), *Lehrbuch der Klinischen Kinderpsychologie* (7., überarb. u. erw. Aufl.; S. 291–317). Göttingen: Hogrefe.

Petermann, U. & Petermann, F. (2015). *Training mit sozial unsicheren Kindern* (11., überarb. u. erw. Aufl.). Weinheim: Beltz.

Petermann, U. & Petermann, F. (2019). Lernpsychologische Grundlagen. In F. Petermann (Hrsg.), *Kinderverhaltenstherapie* (6., vollst. überarb. Aufl.; S. 9–50). Göttingen: Hogrefe.

Petermann, U. & Petermann, F. (2020). Aggressives Verhalten. In F. Petermann (Hrsg.), *Entspannungsverfahren. Das Praxishandbuch* (6., überarb. Aufl.; S. 359–374). Weinheim: Beltz.

Petermann, U. & Suhr-Dachs, L. (2013), Soziale Phobie. In F. Petermann (Hrsg.), *Lehrbuch der Klinischen Kinderpsychologie* (7., überarb. u. erw. Aufl.; S. 369–386). Göttingen: Hogrefe.

Saile, H. (2020). Aufmerksamkeitsdefizit-/Hyperaktivitätsstörungen. In F. Petermann (Hrsg.), *Entspannungsverfahren. Das Praxishandbuch* (6., überarb. Aufl.; S. 419–429). Weinheim: Beltz.

Schandry, R. (2016). *Biologische Psychologie* (4., vollst. überarb. Aufl.). Weinheim: Beltz.

Schneider, M. & Robin, A. (1976). The turtle technique. A method for the self control of impulsive behavior. In J. Krumboltz & C. Thoresen (Eds.), *Counseling methods* (pp. 157–163). New York: Holt,

Rinehart&Winston.

Stein, A. (o. J.). *Stereo-Tiefensuggestion*. Iserlohn: Verlag für Therapeutische Medien.

Strehl, U., Leins, U., Danzer, N., Hinterberger, T. & Schlottke, P. F. (2004). EEG-Feedback für Kinder mit einer Aufmerksamkeitsdefizit- und Hyperaktivitätsstörung (ADHS). Kindheit und Entwicklung, 13, 180–189.

Suhr-Dachs, L. & Petermann, U. (2013). Trennungsangst. In F. Petermann (Hrsg.), *Lehrbuch der Klinischen Kinderpsychologie* (7., überarb. u. erw. Aufl.; S. 353–368). Göttingen: Hogrefe.

Vaitl, D. (2000). Psychophysiologie der Entspannung. In D. Vaitl & F. Petermann (Hrsg.), *Handbuch der Entspannungsverfahren: Band 1: Grundlagen und Methoden* (2., überarb. Aufl.; S. 29–76). Weinheim: Beltz.

Vaitl, D. (2020a). Neurobiologische Grundlagen der Entspannungsverfahren. In F. Petermann (Hrsg.), *Entspannungsverfahren. Das Praxishandbuch* (6., überarb. Aufl.; S. 47–64). Weinheim: Beltz.

Vaitl, D. (2020b). Autogenes Training. In F. Petermann (Hrsg.), *Entspannungsverfahren. Das Praxishandbuch* (6., überarb. Aufl.; S. 65–82). Weinheim: Beltz.

Vasey, M. W. & Dadds, M. R. (Eds.). (2001). *The developmental psychopathology of anxiety*. New York: Oxford University Press.

Vries, U. de & Petermann, F. (2020). Asthma bronchiale. In F. Peter-mann (Hrsg.), *Entspannungsverfahren. Das Praxishandbuch* (6., überarb. Aufl.; S. 216–229). Weinheim: Beltz.

Yagci, S. Kibar, Y., Akay, O., Kilic, S., Erdemir, F., Gok, F. & Dayanc, M. (2005). The effect of biofeedback treatment on voiding and urodynamic parameters in children with voiding dysfunction. *Journal of Urology, 174*, 1994–1997.

参考资料

1.尼摩船长的故事（参见 Petermann，2007；由德国埃森市 ELVIKOM出版社制作），两张光盘为一套（每张光盘时长为 90 分钟），可按订购号 9700286 购买一套。来信或致电方式如下：

Testzentrale

Herbert-Quandt-Str. 4

37081 Göttingen

电话：+ 49 551 999 50999

传真：+ 49 551 999 50998

电子邮箱：info@testzentrale.de

www.testzentrale.de

2.史特奇 401 有声故事可以以 MP3 格式获取，请在以下网站订购：

www.stecki401.com

3.阿恩德·斯坦博士的立体声深层暗示和放松音乐由疗愈媒体出版社（Verlag für Therapeutische Medien）以磁带和光盘的形式出版。可以直接联系出版商了解具体信息并订购：

Verlag für Therapeutische Medien

Brinkhofstraße 86

58642 Iserlohn

电话：+49（0）23 74/849 96 96

传真：+49（0）23 74/849 96 05

info@vtm-stein.de

www.vtm-stein.de

术语表[①]

A

→ 激活,心理生理(Aktivierung, psychophysische)

新陈代谢过程和心血管活动加速;唤醒、情绪和认知过程受到刺激。激活与失活或放松正相反,可以在行为、行动或运动过程中被识别。

→ 唤醒(Arousal)

由外部或内部刺激引起的身体、情感或认知兴奋。

[①] 此表遵照原书按德文字母顺序排列。

→ 呼吸频率（Atemfrequenz）

每分钟呼吸的次数，根据年龄和活动水平不同而存在显著差异（例如休息状态与从事繁重的体力劳动时差异很大）。成年人在休息状态下平均每分钟呼吸 14 次，而对于一个处于压力之下或正在进行体力劳动的成年人来说，每分钟呼吸大约 40 次。儿童每分钟呼吸 20—30 次，幼儿每分钟呼吸 30—40 次，而新生儿每分钟呼吸 40—50 次。

→ 呼吸量（Atemzugvolumen）

一口气吸入的空气量，取决于年龄、性别、体型，以及身体的健康程度（例如运动员与非运动员的差异）。呼吸量又被称为肺活量，每次呼吸会吸入 3—5 升（0.003—0.005 立方米）的空气。

→ 自体训练法（Autogenes Training）

一种自我催眠，在这种催眠中，一个人向自己发出诱导放松的指令。

→ 自主神经系统（Autonomes Nervensystem）

神经系统是所有神经细胞和神经传导的整体。它分为中枢神经系统（CNS）和自主（或植物）神经系统（ANS）。中枢神经系统包括大脑和脊髓。自主神经系统由神经纤维组成，这些神经纤维支配（供给）肠道、血管、腺体和心脏的平滑肌，通过神经供给包括心脏、肝脏、肾脏和胃等所有器官，从而在很大程度上独立于人的意志，无意识地对内在生命过程进行调节。

B

→ 生物反馈（Biofeedback）

在设备支持下，对无法直接感知的身体过程进行测量和反馈，其目的是改变这些身体过程。例如使用肌电图（EMG）测量肌肉活动。神经肌肉变化是放松反应的生理特征之一（另见 EMG）。

D

→ 诊断和统计手册（DSM，Diagnostisches und Statistisches Manual，DSM）

一种标准目录，用于确保诊断意见的准确性。它可用于确定是否存在特定的临床症状。这些诊断标准是从欧洲和北美不同临床中心进行的众多实证研究中获得的。它们代表了一种最低限度的共识，并不断地被新的研究发现修正。使用诊断标准可以明确精神异常和疾病的表现（另见分类系统）。

→ 鉴别诊断（Differenzialdiagnose）

用于明确规定一种疾病与其他疾病的重叠和界限。比如分离焦虑症，只有到了一定年龄，也就是三岁以后，才能被确诊，在此之前，分离焦虑只是一种正常的、暂时性的发育现象。

E

→ 脑电图（EEG, Elektroenzephalogramm）

通过监测脑电波获得的曲线图。它是一种记录大脑（尤其是大脑皮层）自发或触发（诱发）电活动的方法。使用电极从头骨顶部记录大脑皮层下的电压波动。

→ 准备画面（Einstiegsbilder）

想象性放松方法中一直保持不变的元素，例如在尼摩船长的每个故事开始时，通过讲述这一部分以创造精神集中的平静状态。

→ 肌电图（EMG, Elektromyografie）

指的是对肌肉活动时电现象的记录。这是使用生物反馈时的一项重要技术。

→ 体验画面（Erlebnisbilder）

想象性放松方法中的变化元素，例如在尼摩船长的故事中，这部分内容接在准备画面的后面，旨在加强放松体验。在体验画面中可以加入能被转移到日常生活中的意图公式。

→ 循证（Evidenzbasierung）

意味着任何一个事实、一个决定、一个建议、一个规则或一个要求都是要基于证据的，并且考虑到了所有现有的可用的信息。在心理临床诊断、心理治疗和预防中，建议使用循证的方法和程序来决定是否做出诊断，以及是否需要治疗。循证方法基于必须满足某些要求的研究的经验结果来证明其合理性。因此，在效果、副作用、适应证和禁忌证方面，循证方法在一定程度上得到了实证研究的支持。根据证据强度，证据被分为四个不同等级。证据等级是根据一项研究是否符合标准来定义的（另见禁忌证）。

G

→ 胃肠道（Gastrointestinal）

指的是身体的胃肠道部分。

H

→ 皮肤电导率（Hautleitfähigkeit）

指的是皮肤（真皮）的电导率，根据其程度可以看出人处于紧张状态还是放松状态，或者是处于兴奋或劳累状态还是休息状态（另见皮肤电阻）。

→ 皮肤电阻（Hautwiderstand）

皮肤电阻和皮肤电导率取决于皮肤的汗腺分泌。当汗腺活动较低时（例如放松时），皮肤电阻增加，皮肤电导率降低。因此，这是两种不同的皮肤电测量方法，由此发展出通过汗腺分泌量得出放松程度的不同测量方法（另见皮肤导电率）。

→ 催眠（Hypnose）

一种可以通过语言唤起的睡眠状态。这种状态伴随着注意力的范围缩小到给定的主题上。催眠状态可以由本人或他人诱发。

I

→ 想象性放松方法（Imaginative Verfahren）

这种方法通过内在的图像想象（imago，拉丁语单词，意为图像）实现，以达到放松体验（另见尼摩船长的故事）。

→ 干扰（Interferenz）

指的是关于学习内容的相互影响，例如一个内容会抑制在相同时间内学习的另一个内容。

→ 国际疾病分类（International Classification of Diseases，ICD）

这是全球公认的精神疾病分类系统。ICD 系统是由世界卫生组织（WHO）研发的。DSM 和 ICD 两个分类系统的最新版本十分相似［另见分类系统及诊断和统计手册（DSM）］。

K

→ 尼摩船长的故事（Kapitän-Nemo-Geschichte）

专为儿童（四到十二岁）设计的具有延续性特征的水下故事，将想象元素与自体训练法相结合，从而营造一种内心平静的状态（另见准备画面和体验画面）。

→ 核心症状（Kernsymptom）

指的是疾患的中心症状，它以最清晰和最可区分的方式表现了该疾患的特征。例如攻击性行为的核心症状是辱骂和殴打，即故意伤害他人。运动不安是攻击性儿童的另一个重要症状，但不是每一个具有攻击性行为的儿童都会出现该症状，因此其不属于核心症状。

→ 分类系统（Klassifikationssysteme）

分类系统为卫生部门做出诊断提供了重要的指导。分类系统适用于身体疾病和精神障碍。精神障碍有两种分类系统，一种是ICD-11（已于 2022 年 1 月 1 日取代 ICD-10），另一种是 DSM-5。ICD 是世界卫生组织（WHO）自 19 世纪 60 年代以来通过研究项目和会议推广的国际分类系统。德国的医疗保健系统使用该分类系统。DSM 是美国用于诊断精神障碍的分类系统，由美国精神医学学会（APA）发布。与 ICD 一样，DSM 也是循证的系统，也就是说，该系统是基于对精神障碍的研究结果的。DSM 主要用于研究领域。在过去的几十年里，ICD 和 DSM 这两个系统已经变得十分相似［另见诊断和统计手册（DSM）和国际疾病分类（ICD）］。

→ 禁忌证（Kontraindikation）

实施某种措施的风险高于不进行治疗的风险，是该措施不适用的情况。

M

→ 冥想（Meditation）

指的是主要用于扩展意识同时引起放松反应的方法（例如先验冥想、禅修、瑜伽等）。

→ 运动神经元（Motoneuron）

也称为前角运动细胞。其细胞核位于脊髓灰质中，神经纤维通过前根离开脊髓并支配（通过神经供应身体组织和器官）骨骼肌纤维。

→ 运动单元（Motorische Einheit）

由一个细胞体（运动神经元：外周，即远离中枢神经和心血管系统的，脊髓运动神经细胞）、一条神经纤维（轴突）和一块肌肉组成，肌肉由不同数量的肌纤维组成（也可参考第 44 页的表 4）。信息通过运动神经元从中枢神经系统传出，继而转化为肌肉运动。

P

→ 副交感神经（Parasympathikus）

神经系统的这一部分与植物（自主）区域有关。副交感神经支配胃肠道和排泄器官的平滑肌和腺体、性器官和肺的腺体、心脏的心房、泪腺和唾液腺，以及内眼肌（另见自主神经系统和交感神经系统）。

→ 蠕动（Peristaltik）

指的是人体内的收缩，如在消化道中，以便进一步运输某些物质，例如食物。

→ 生理学（Physiologie）

从广义上讲，生理学涉及生命自然科学；从狭义上讲，生理学涉及正常的生命过程，包括肌肉、神经、循环系统、感觉生理学等子领域。

→ 患病率（Prävalenzrate）

描述了某种身体疾病或精神障碍在人群中的发生频率，例如儿童和十八岁以下青少年的行为障碍。

→ 预防（Prävention）

旨在预防身体疾病和精神障碍的措施的总称。针对儿童青少年的各种发展领域（例如语言、社会情感、社会能力行为）以及心理和行为障碍都存在基于证据的预防方案。

→ 渐进式肌肉放松法（Progressive Muskelentspannung）

一种放松方法，通过系统地绷紧和放松各种肌肉群并感知在此过程中产生的身体效果，诱发全身放松。

R

→ RIA

"Relaxation Induced Anxiety"的缩写,表示因放松而诱发（触发）的焦虑。

S

→ 分流处（Shunt）

血管系统中连接动脉和静脉的地方。

→ 痉挛（Spasmus）

一种有节奏的重复性肌肉收缩,即肌肉痉挛。

→ 压力源（Stressoren）

引发应激反应的内部或外部因素（另见压力反应）。

→ 应激反应（Stressreaktionen）

应激反应必须区分是生理-植物层面（例如头痛和腹痛、睡眠障碍、疲惫状态）、认知-情绪层面（例如无精打采和缺乏动力），还是行为层面（例如烦躁不安）上的。

→ 暗示，暗示感受性（Suggestion, Suggestibilität）

用言语或其他刺激（建议）影响人们的态度、判断或行为，而这些变化并不总是有意识的；暗示感受性是指受暗示影响的能力或对暗示的接受程度，这一点因人而异，个体差异很大。

→ 交感神经-肾上腺素能（Sympathiko-adrenerg）

肾上腺素能系统包括所有负责释放肾上腺素和去甲肾上腺素两种神经递质的自主神经纤维，主要发生在交感神经系统中。肾上腺素和去甲肾上腺素是肾上腺髓质产生的激素；两者都有收缩血管的作用。肾上腺素主要引起血压升高，而去甲肾上腺素具有减缓脉搏的作用。

→ 交感神经（Sympathikus）

与脊柱平行的神经，负责将交感神经系统的冲动传递到目标器官。交感神经系统参与身体活动的增加（如心率加快），副交感神经系统参与放松状态（如心率减慢）（另见副交感神经和自主神经系统）。

T

→ 张力（Tonus）

身体组织的张力状态，例如肌肉组织。

→ 触发因素（Trigger）

是物理、化学或生理触发因素的名称。它可以是触发某种反应的刺激、物质或过程。

V

→ 行为问题（Verhaltensauffälligkeiten）

指的是社会行为和情感领域的问题。行为问题不是行为障碍，但是两者具有相同的特征。其行为特征不太明显，发生频率较低。可以通过预防措施预防疾病的发生（另见预防和行为障碍）。

→ 行为障碍（Verhaltensstörungen）

属于精神障碍，需要准确的诊断。一旦做出诊断，则需要进行心理治疗（另见分类系统）。